GEHIRNPRÄPARATION MITTELS ZERFASERUNG

ANLEITUNG ZUM MAKROSKOPISCHEN STUDIUM DES GEHIRNS

VON

DR. J. WILH. HULTKRANTZ
PROFESSOR AN DER UNIVERSITÄT UPPSALA

MIT 44 ABBILDUNGEN AUF 15 TAFELN
UND MIT 4 TEXTABBILDUNGEN

SPRINGER-VERLAG BERLIN HEIDELBERG GMBH 1929

ISBN 978-3-662-32146-1 ISBN 978-3-662-32973-3 (eBook)
DOI 10.1007/978-3-662-32973-3

URSPRÜNGLICH ERSCHIENEN BEI JULIUS SPRINGER IN BERLIN 1929

Vorwort.

Als ich auf dem Anatomenkongreß in Kiel 1927 die im anatomischen Institute in Uppsala seit langer Zeit geübte Methode der Gehirnpräparation mittels Zerfaserung demonstrierte, wurde ich von mehreren Kollegen aufgefordert, eine vollständige Beschreibung dieser Methode zu veröffentlichen. Denselben Wunsch sprachen auch Neurologen aus, welche in unserem Museum nach dieser Methode angefertigte Präparate gesehen hatten. Es ist mir angenehm, diesen Aufforderungen jetzt nachkommen zu können.

Andere Verfasser, die sich mit Gehirnabfaserung beschäftigt haben, betonen, daß dieses Verfahren viel Zeit und viel Geduld verlange und auch sehr reichliches Material erfordere. Das ist für den Fall ganz richtig, daß ein Forscher mittels dieser Methode noch ungeprüfte Wege einschlägt, um die Lösung einer aufgeworfenen wissenschaftlichen Frage zu versuchen: aber beim gewöhnlichen anatomischen (oder neurologischen) Unterricht, wo es sich nur darum handelt den Teilnehmern eine klare, auf eigenen Beobachtungen fußende Vorstellung gewisser wichtiger anatomischer Tatsachen zu geben, ist die Sachlage ganz anders. Meiner Erfahrung nach läßt sich das letztere Ziel ohne größeren Aufwand an Zeit und Material relativ leicht erreichen, wenn nur die Präparationsarbeit planmäßig organisiert wird. Mit der eigentlichen Präparation, so wie sie im folgenden beschrieben wird, kann auch ein Ungeübter in 7—8 Stunden fertig werden, und alle wichtigen Momente können an einem Gehirn, nötigenfalls sogar an einem halben, dargestellt werden.

Dies zu erreichen, sind immerhin sehr genaue Anweisungen für die technische Arbeit in ihren verschiedenen Phasen unumgänglich notwendig, und aus diesem Grunde ist auch die vorliegende Anleitung zur Gehirnpräparation umfangreicher geworden, als entsprechende Darstellungen sonst zu sein pflegen. Ich halte es nämlich für einen Vorteil, wenn die Präparanten von ständiger persönlicher Überwachung und umständlichen Informationen des Leiters nicht allzu abhängig sind, sondern ihre Aufgaben etwas selbständiger ausführen können. — Aus demselben Grunde habe ich es mir angelegen sein lassen, meine Darstellung reichlich mit Bildern zu illustrieren. Die meisten Bilder sind photographische Aufnahmen ein und desselben Objektes in verschiedenen Stadien der Präparation und zeigen direkt, was man mit unserer Methode erreichen will und kann. Als weitere Belege für die Anwendbarkeit der Zerfaserungsmethode füge ich zum Schluß, Taf. XII—XV, einige besonders instruktive Abbildungen von Spezialpräparaten unseres Museums bei. Da diese zum Teil Verhältnisse der Gehirntopographie illustrieren, von denen man Bilder in der üblichen anatomischen Literatur vergebens sucht, werden sie vielleicht auch ein gewisses Interesse erfahrener Anatomen und Neurologen beanspruchen können; demnach kann dieses Büchlein auch als Ergänzung der Darstellung in Lehrbüchern und Atlanten dienen, doch lag es nicht in meiner Absicht, diese dadurch zu ersetzen. Vielmehr setze ich voraus; daß das Studium des Lehrbuchs gleichzeitig mit der Präparation betrieben werde.

Meinem Herrn Verleger bin ich für die liberale Bilderausstattung und Herrn Dr. med. A. JOKL in Wien, meinem ehemaligen Assistenten, für die sprachliche Revision des Manuskriptes vielen Dank schuldig.

Die schönen Präparate, die den Bildern auf Taf. XII und XIII zugrunde liegen, verdanke ich meinem jetzigen Assistenten, cand. med. T. WAHLÉN, und die photographischen Aufnahmen dem Präparator an unserem Institute, Herrn AXEL HALVARDSON.

Uppsala, im Juli 1929.

J. WILH. HULTKRANTZ.

Inhaltsverzeichnis.

Einleitung.

Die im folgenden zu beschreibende Methode die von der Struktur bedingte Spaltbarkeit des gehärteten Gehirns zu Unterrichtszwecken auszunützen, ist von meinem Lehrer und Vorgänger an der Lehrkanzel für makroskopische Anatomie in Uppsala, Prof. EDVARD CLASON begründet worden. Wie er mir selbst erzählte, empfing er die Idee dazu, als er um das Jahr 1880 an einigen alten ausrangierten Gehirnen, die viele Jahre in saurem Spiritus gelegen waren, beobachtete, wie überraschend leicht sie sich in gewissen Richtungen zerlegen ließen. Diese Erfahrung verwertete er zuerst zur Anfertigung einer Serie instruktiver Museumspräparate, aber es dauerte nicht lange, bis er die Teilnehmer der von ihm geleiteten Hirnpräparationskurse regelmäßig ähnliche Präparate machen ließ. Als ich vor etwa 25 Jahren die Leitung dieser Kurse übernahm, war also die Methode in ihren Hauptzügen schon geprüft und als zweckmäßig befunden worden, weshalb ich es mir angelegen sein ließ, auf dieser Grundlage weiter zu bauen und die Methode allmählich zu vervollkommnen. In mehrfacher Hinsicht wurde mir dies möglich, u. a. durch die Einführung des Formalins als Fixierungsmittel, wodurch das Material größere Elastizität und zugleich größere Resistenz gewinnt und für den beabsichtigten Zweck viel geeigneter wird, als das früher verwendete Spiritusmaterial.

Die Untersuchung des Gehirns durch stumpfe Spaltung und durch Abfaserung mit der Pinzette ist gewiß nichts Neues; im Gegenteil, seitdem man die Vorteile einer vorbereitenden Härtung des Organs eingesehen hatte, war dies wohl die wichtigste Methode, die den Forschern der ersten Hälfte des vorigen Jahrhunderts zu Gebote stand. Ich erinnere nur an die Arbeiten von GALL und SPURZHEIM, ARNOLD, FOVILLE u. a. — Nachdem man aber mit Serienschnitten, Rekonstruktionen, embryologischen und experimentellen Untersuchungen u. dgl. zu arbeiten gelernt hatte, traten selbstverständlich die makroskopischen Methoden in ihrer Bedeutung zurück, da sie wohl nie eine endgültige Lösung der uns jetzt interessierenden Probleme geben, sondern hauptsächlich zur Orientierung, Anregung und Leitung andersartiger Untersuchungen dienen können. Hier und da erscheinen aber doch Arbeiten, die mit Hilfe der Abfaserungsmethode willkommene Beiträge zur Aufklärung verschiedener, noch nicht erledigter, Fragen liefern. So z. B. hat CURRAN [1] einen in

[1] J. comp. Neur. a. Psychol. **19** (1909).

der Capsula externa dicht oberhalb des Fasc. uncinatus verlaufenden Assoziationsfaszikel, Fasc. occipito-frontalis inferior, ausgefasert und beschrieben. JAMIESON [1] und BÜTTNER [2] haben die Methode zum Studium der Einstrahlung der Brückenarme in das Kleinhirnmark verwendet. Und erst kürzlich hat ELZE [3] den Verlauf der Sehstrahlung, des Cingulum, des Fornix longus und der Commissura anterior mittels Abfaserung eingehend untersucht.

Trotzdem dürfte meines Erachtens die makroskopische Faserpräparation auch in Zukunft keine andere Stellung als die einer einfachen und bequemeren Hilfsmethode in der wissenschaftlichen Hirnforschung behaupten können. Da sie uns aber bisweilen sehr gute Dienste leisten kann, darf sie nicht der Vergessenheit anheimfallen.

Als *Unterrichtsmethode* hat dagegen die Zerfaserung, womit ich jede Art stumpfer Spaltung meine, eine um so größere Bedeutung. Wer sich mit dieser Methode einmal vertraut gemacht hat, begreift schwer, wie man z. B. den Bau des Stammteils des Gehirns überhaupt lehren und lernen kann, ohne sich der Möglichkeit zu bedienen, die darin eingehenden Gebilde voneinander zu trennen und sich derart eine direkte Vorstellung von der Form, Größe und Lage jedes Gebildes zu verschaffen. Wenn man aber sowohl ältere als auch neuere Anleitungen zum Präparieren durchsieht, ist man darüber erstaunt, daß sich fast alle damit begnügen eine einfache Besichtigung des Stammteils von außen und von den geöffneten Ventrikeln her und ein Studium einiger Frontal- und Horizontalschnitte vorzuschreiben. Nur STRASSER empfiehlt in seiner Anleitung zur Gehirnpräparation die Losschälung der Streifenhügelkerne und die Freilegung der Crura corp. mamill.; nähere Angaben über die Verfahrungsweise werden aber nicht gegeben. — Ich habe mich auch von vielen Kollegen über die in ihren Instituten übliche Präparationsweise des Gehirns informieren lassen und erfahren, daß z. B. die stumpfe Trennung der Stammganglien von der inneren Kapsel u. dgl. fast nie versucht wird, und daß man die Topographie dieser Teile fast ausschließlich an Serienschnitten studiert [4]. — Es ist uns zwar möglich aus reinen Flächenbildern im Geiste ein dreidimensionales Bild zu rekonstruieren, aber unsere Vorstellung von Form und Lage der betreffenden Gebilde muß doch viel klarer und korrekter werden — und sehr viel Zeit wird

[1] J. of Anat. a. Physiol. **44** (1910).

[2] Z. Anat. I, **84** (1927).

[3] Z. Anat. I, **88** (1928).

[4] An gewissen amerikanischen Universitäten scheint man die Anwendbarkeit der Zerfaserungsmethode für den anatomischen Unterricht eingesehen zu haben. In einem kurzen Bericht in Anat. Rec. **3** (1909) hat HOEVE eine Anzahl in dieser Weise darstellbarer Fasersysteme angegeben; da aber detaillierte Anweisungen und Bilder fehlen, ist die Darstellung wenig geeignet, dem Präparanten als Anleitung zu dienen. Als Hauptinstrument der stumpfen Präparation wird ein Manicurehölzchen empfohlen.

dabei auch gewonnen —, wenn wir die Gebilde voneinander isolieren und sie von allen Seiten direkt betrachten können. Die Vorteile dieses letzteren Verfahrens erhellen vielleicht am deutlichsten, wenn man bedenkt, wie unbequem es wäre die Brustorgane z. B. nur an Gefrierschnitten studieren zu müssen.

Das Wesentliche an der in Uppsala allmählich ausgestalteten Präparationsmethode ist gerade die Lostrennung der verschiedenen morphologisch differenzierten Teile des Gehirns voneinander, und dies bei möglichst weitgehender Respektierung der natürlichen Grenzen, so daß die Teile — wie in einem Mosaikspiele — wieder in ihre ursprüngliche Lage aneinandergepaßt werden können. Ein leitender Gedanke ist dabei auch von solchen Partien des Gehirns, die weniger Interesse bieten, soviel zu sparen, daß man sich immer über die Topographie jedes einzelnen Gebildes dem ganzen Gehirn gegenüber leicht orientieren kann. Bei diesen Grundsätzen wird es oft nötig mit der Präparation einer Bahn u. dgl. zeitweise auszusetzen und sie später wieder aufzunehmen; da aber fast alle Gebilde nach beendeter Präparierung ziemlich unversehrt erhalten sind, können sie nachher um so besser systematisch studiert werden. Besonders großen Nutzen leistet das fertige Präparat als Vergleichsobjekt beim Studium von Serienschnitten durch das Gehirn; auch Sagittalschnitte, deren Deutung bekanntlich als ziemlich heikel angesehen wird, bereiten den Studierenden keine große Schwierigkeiten mehr, wenn sie die von ihnen verfertigten Präparate vor sich haben.

Ich möchte noch einige Bemerkungen über die praktische Ausnützung unserer Methode für den Unterricht in Seziersälen oder neurologischen Kursen machen. — Wenn es an Material mangelt, kann man sich mit Präparationen, wie sie im Kap. II beschrieben werden, begnügen. Alle wichtigeren makroskopisch wahrnehmbaren Gebilde werden dabei bloßgelegt und der Überblick über deren Zusammenhang untereinander, den die in Kap. III angegebenen, ergänzenden Präparationen hauptsächlich bezwecken, kann nötigenfalls auch durch das Studium ausgestellter Hilfspräparate gewonnen werden. Es ist sehr wünschenswert, daß immer zwei (aber auch nicht mehr) Teilnehmer an derselben Hirnhälfte arbeiten, denn beim Präparieren des Gehirns ist Assistenz stets nötig oder jedenfalls sehr willkommen; erst dann hat man eine gewisse Garantie dafür, daß beide Präparanten alles was beobachtet werden soll, auch zu sehen bekommen. — Unter diesen Umständen kann man also mit einem Gehirn für je vier Kursteilnehmer auskommen. Außerdem ist es wünschenswert, daß für jeden Kursus über wenigstens 3 Hirnhemisphären zur Verfertigung etwa 0,5 cm dicker Serienschnitte in den drei Hauptebenen disponiert werden kann. An freien, direkt in der Hand gehaltenen Schnitten beobachtet man besser und lernt an ihnen mehr als an Präparaten, die in geschlossenen Gefäßen montiert sind.

Wenn das Material reichlicher ist, so daß man ein Gehirn für je zwei Präparanten rechnen kann, dann ist es meines Erachtens am zweckmäßigsten, daß beide gemeinsam ein halbes Gehirn zu vollständiger Zerfaserung nach den Vorschriften in Kap. II verwenden und dann an einer anderen Hirnhälfte die in Kap. III beschriebenen, komplettierenden Präparationen ausführen. Das an letzterer Stelle geschilderte Verfahren zur Öffnung der Ventrikel stimmt in seinen Hauptzügen mit den von anderen Verfassern angegebenen Methoden ziemlich überein, doch werden hier die Schnitte so gelegt, daß alle uns interessierende Gebilde soweit als möglich intakt erhalten bleiben und in ihrer natürlichen Lage studiert werden können.

Durch die direkten Beobachtungen an jedem einzelnen Gebilde, wie man sie nach der vorliegenden Methode sowohl während der Arbeit als auch an dem fertigen Präparat machen kann, kommt man relativ leicht zu einer klaren, „plastischen“ Vorstellung von der inneren Topographie des Gehirns, auch betreffs solcher Punkte, deren Vorstellung sonst erfahrungsgemäß Schwierigkeiten bereitet. Die Synthese der einzelnen Erinnerungsbilder kann durch das Studium von Spezialpräparaten, welche Totalbilder der verschiedenen Systeme geben, noch mehr erleichtert werden. Einige Beispiele für diesen Zweck verfertigter Präparate werden auf Tafel XII—XV abgebildet und kurz beschrieben. Wer die Zerfaserungsmethode kennt, braucht keine weiteren Anweisungen wie solche Präparate herzustellen sind.

Erstes Kapitel.

Über die Technik der Zerfaserungsmethode.

Material. Meiner Erfahrung nach läßt sich überhaupt jedes in Formalin gehärtete Gehirn zur Zerfaserung verwenden. — Die unserem Institute in Uppsala zur Verfügung gestellten Gehirne werden nach der Sektion, die meistens am 2.—4. Tage nach dem Tode, bisweilen noch später, erfolgt, kurze Zeit in Wasser gespült und dann entweder in KAISERLINGS Flüssigkeit I [1] oder einfach in 10%iger Formalinlösung, 4% Formaldehyd, gelegt. Nach zwei oder mehreren Wochen werden sie wieder kurz gespült, für 12—24 Stunden in 95%igen Spiritus gelegt und dann in die Verwahrungsflüssigkeit (III) übergeführt. In dieser können sie beliebig lange aufbewahrt werden. Ich habe solches Material in einer mit losem Deckel versehenen Wanne mit nur wenig Flüssigkeit auf dem Boden und mit einem Handtuche bedeckt, mehrere Jahre liegen gelassen, ohne daß es seine Verwendbarkeit eingebüßt hätte. — Auch andere Modifikationen der Formalinbehandlung geben befriedigende Resultate [2]. Zu systematischen Untersuchungen über die zweckmäßigste Härtungsmethode hat mir die Gelegenheit gefehlt. Einzelne Versuche, die Spaltbarkeit des Gewebes noch weiter zu steigern, haben bis jetzt noch keine sicheren Resultate ergeben, und ich habe den bestimmten Eindruck, daß die Unterschiede, welche verschiedene Gehirne in dieser Hinsicht aufweisen, mehr von dem Grade der Fäulnis, die vor der Härtung eingetreten ist, als von mangelhaften Methoden abhängig sind. Immerhin ist ersichtlich, daß man nicht besonders hohe Ansprüche an die Frische des Materials zu stellen braucht.

Auch in Spiritus gehärtete Gehirne können mit der Zerfaserungsmethode ganz schöne Bilder ergeben, doch sind sie viel spröder und bereiten deswegen selbst einem geübten Präparanten ziemlich viel Mühe.

Prinzipien der Methode. Um mittels unserer Zerfaserungsmethode gute Erfolge zu erreichen, muß man sich darüber im klaren sein, welche

[1] Diese besteht bekanntlich aus 20 T. Formalin, 3 T. Kal. acet., $1^1/_2$ T. Kal. nitr. und 100 T. Wasser, während seine Verwahrungsflüssigkeit (III) aus 2 T. Glyzerin, 1 T. Kal. acet. und 10 T. Wasser besteht.

[2] Falls der Formalingeruch an neubereitetem Material zu lästig sein sollte, kann man dasselbe nach NEUMAYER [Anat. Anz. **29** (1906)] mit Ammoniak behandeln, ohne daß die Halt- und Spaltbarkeit der Gewebe darunter auch nur im geringsten litte.

Prinzipien den Verfahren zugrunde liegen, und was man mit den verschiedenen Handgriffen eigentlich bezweckt. Die verschiedenen Gebilde im Gehirn sollen ja so weit als möglich voneinander losgetrennt werden, damit ihre gegenseitige Lage und die Formgestaltung jedes einzelnen Teilorgans studiert werden kann. Es muß also immer zuerst die Grenze zwischen zwei benachbarten Gebilden aufgesucht und dann weiter in die Tiefe verfolgt werden.

Bei der Grenzbestimmung kann oft das Oberflächenrelief und der Farbenunterschied die erforderliche Auskunft geben. Bei guter Konservierung des Materials stechen ja immer Rinden- und Kernsubstanz durch ihre dunklere Farbe von der helleren Marksubstanz deutlich ab: aber auch innerhalb der letzteren haben die verschiedenen Schichten oft nicht dieselbe Farbe. An einem Schnitt haben die längsgeschnittenen Faserzüge bekanntlich meistens einen helleren Glanz als die quergeschnittenen; ich will nur an die Pyramidenbündel in der Brücke, oder an Tapetum — Sehstrahlung erinnern. Aber auch die mikroskopische Struktur (Dicke der Fasern, Gehalt an Gliagewebe u. dgl.) kann einen für das unbewaffnete Auge deutlich merkbaren Unterschied bewirken; so erscheint z. B. der Lemniscus lateralis dunkler als das Brachium conjunctivum und ebenso die Capsula externa im Vergleich zu der Corona radiata.

Die festere oder weichere Konsistenz der Gebilde kann uns ebenfalls gute Hilfe leisten. Die graue Substanz ist ja immer weicher und brüchiger als die weiße, wiewohl auch immerhin gewisse graue Kerne, z. B. Thalamus, untere Olive und Nucl. ruber wegen ihres Reichtums an durchsetzenden Nervenfasern oder auch durch eine starke Markkapsel eine relativ feste Konsistenz haben können. Wenn man die stärkere oder geringere Resistenz eines Organs prüfen will, muß man beachten, daß ein scharfer und schwerer Gegenstand zum Tasten viel weniger geeignet ist als ein stumpfer und leichter. Dies ist einer der Gründe, aus welchen man so weit als möglich mit stumpfen Instrumenten arbeiten soll.

Auch bei der Trennung der Gebilde voneinander sind die Unterschiede in Farbe und Konsistenz von großem Nutzen, um die Grenzen verfolgen zu können, aber, wenn es sich um die verschiedenen Faserzüge in der Marksubstanz handelt, ist es vor allem die Spaltbarkeit des Gewebes, die es uns ermöglicht, die Verlaufsrichtung der Fasern festzustellen und daraus Schlüsse über ihre Herkunft oder Bestimmung zu ziehen. — Die Spaltbarkeit ist durch die feinere Struktur des Gewebes bedingt; da der Widerstand gegen Zerreißung, d. h. die Zugfestigkeit, in der Richtung der Nervenfasern am größten ist, muß sich die Marksubstanz offenbar in der Richtung der stärksten Faserzüge am leichtesten spalten lassen. An solchen Stellen, wo die einander quer durchkreuzenden Fasersysteme etwa gleichstark sind, also z. B. wo sich Balkenstrahlung und Stabkranz ziemlich rechtwinklig kreuzen, läßt sich keine regelmäßige Rißfläche erzeugen; der Riß pflegt abwechselnd dem einen oder dem anderen System zu folgen und ein Versuch die Spaltung absichtlich in eine bestimmte Richtung zu dirigieren, hat meistens wenig Erfolg. — Selbstverständlich kann man an Faserungspräparaten nur die stärkeren Faserzüge sehen; eventuell durchkreuzende, feinere Bahnen müssen immer geopfert werden, aber ein aufmerksamer Beobachter wird gerade im Augenblick der Spaltung bisweilen solche Fasern zu Gesicht bekommen, noch ehe sie abreißen.

Um möglichst naturgemäße Spaltflächen zu erzeugen, kann man sich verschiedener Handgriffe bedienen. Bisweilen kann man die zu trennenden Hirnteile einfach mit den Fingern, eventuell mit Pinzette anfassen und sie auseinander ziehen oder brechen. In anderen Fällen ist es wieder besser mit einem dazu geeigneten Gerät das eine Gebilde von dem anderen, angrenzenden abzuheben oder sie wie mit einem Keil auseinander zu treiben.

Beim Fassen und beim Abheben solcher Gebilde, die weniger resistent sind, muß man natürlich darauf achten, daß der erforderliche Druck auf eine hinreichend große Fläche verteilt sei, damit das Gewebe nicht zerquetscht werde. Sehr dünne Faserlamellen, wie man sie in der Capsula externa oder um den Nucl. dentatus herum findet, können mit gehöriger Vorsicht mit der Pinzette gefaßt und nach und nach abgezogen werden, aber oft ist es noch schonender mit einer feinen Sonde u. dgl. unter die Lamellen einzudringen und sie allmählich von der Unterlage abzulösen.

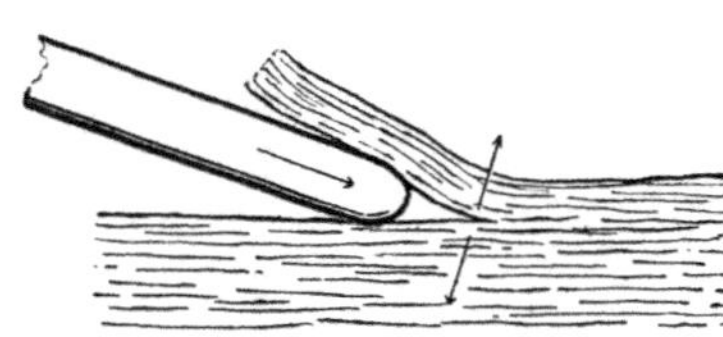
Abb. 1. (Erklärung siehe im Text.)

Wenn man zur Trennung von Gebilden mit etwas festerer Konsistenz ein Instrument als Keil verwenden will, ist es wichtig, daß das Instrument keine scharfe Schneide, sondern eine wohl abgerundete Kante hat. Unter keinen Umständen darf es wie ein Messer oder ein Meißel wirken und das Gewebe zerschneiden oder zerdrücken, sondern es soll die Fasern auseinander drängen, ehe diese irgendeinem Drucke ausgesetzt werden. Die schematische Abb. 1 sagt mehr als viele Worte. Mit kleinen kippenden oder hebelnden Bewegungen wird das Instrument langsam in der Richtung des geringsten Widerstandes weitergeführt. Sehr wichtig ist es auch, daß das Instrument eine möglichst glatte Oberfläche hat, damit die Reibung nicht die Gewebselemente beschädigt und die genaue Erfühlung des Widerstandes erschwert.

Bei der Präparation an der Oberfläche liegender Faserbündel bereitet die Abtragung der deckenden Gliaschicht bisweilen einige Schwierigkeiten. An der freien Fläche des Hirnstamms, sowie an den Wänden der Seitenventrikel kann diese Schicht stellenweise so stark sein, daß sie nicht nur die Faserrichtung der unterliegenden Marksubstanz verdeckt, sondern auch das Oberflächenrelief verändert. Wenn man hier die Glia abzuschälen versucht, so ist es wegen der gewöhnlich sehr zähen Konsistenz dieses Gewebes verlockend zu dem Messer zu greifen, aber mit einiger Geduld kommt man in der Regel besser zum Ziele, wenn man zur Abschabung der Gliaschicht ein stumpfes Instrument verwendet oder sie mit einer feinen Sonde ablöst. Aber auch in letzterem Falle ist es doch kaum zu vermeiden, daß einige Fasern der darunterliegenden Bahnen verloren gehen.

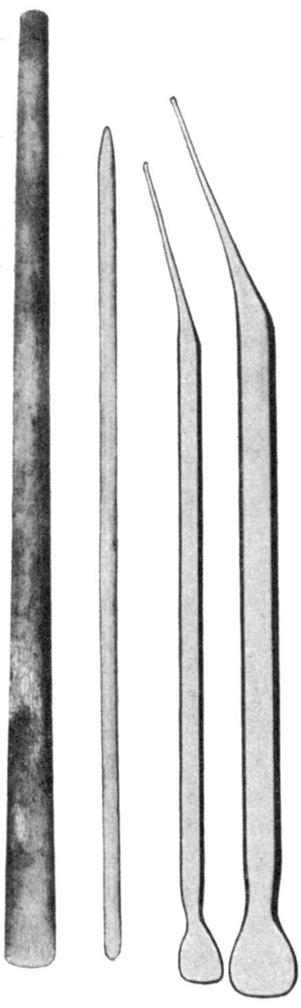

Abb. 2.
Zerfaserungsinstrumente; *a* und *b* aus Knochen, *c* und *d* aus Glas verfertigt. 4/5 nat. Gr.

Instrumentarium. Beim Arbeiten nach der Zerfaserungsmethode kommen vorwiegend spatel- und ahlenförmige Instrumente zur Anwendung. Als Spatel kann ja im Notfall der Griff eines kleineren Seziermessers, dessen gewöhnlich zu scharfes Ende abgerundet worden ist, oder sogar ein ähnlich zugeschnittener Holzspan benützt werden; aber wenn man auch einem solchen Geräte die geeignete Form geben kann, so wird seine Oberfläche doch meistens zu rauh. Aus oben angedeuteten Gründen sind deswegen aus Knochen verfertigte, fein geglättete Spatel bei weitem vorzuziehen. Es kann bequem sein solche von verschiedenen Dimensionen zu haben, aber man kann sich schon mit einem von dem in Textabb. 2a abgebildeten Typus gut behelfen. — Ein anderes, sehr verwendbares Instrument, eine Ahle, kann man sich sehr leicht aus einer knöchernen Stricknadel verfertigen, wenn man nur die Spitzen mittels Feile und feinsten Sandpapiers etwa so umformt, wie Abb. 2b es zeigt; platt, mit abgerundetem Rand.

Mit den in anatomischen Bestecken vorhandenen Sonden kann ebenfalls viel zur Zerfaserung gehörende Arbeit ausgeführt werden. Mit einer solchen kann man z. B. unter dünne Marklamellen und Faserzüge eindringen und dieselben von der Unterlage weithin ablösen. — In der letzten Zeit habe ich meine Zerfaserungsgeräte, Spatel und Sonden, aus Glas verfertigt. Wegen der glatten Oberfläche ist in diesem Fall die Reibung minimal, wodurch die feineren Details besser bewahrt werden und die Arbeit wesentlich erleichtert wird. Auch wegen ihrer Billigkeit sind solche Instrumente empfehlenswert. Am zweckmäßigsten finde ich die in Textabb. 2c und d wiedergegebenen Typen; im einen

Ende sondenförmig ausgezogen, mit nur wenig hervortretendem Knopf, im anderen Ende spatelförmig abgeflacht.

Denselben Dienst wie eine Sonde können manchmal die geschlossenen Branchen einer kleinen, am liebsten gebogenen Pinzette leisten; nur muß man darauf achten, daß die Branchen genau aneinander passen und an den Spitzen und Rändern rundgeschliffen sind. Sehr bequem ist es die Pinzette als Beißzange zu verwenden, wenn man z. B. die Markleisten der Kleinhirnloben u. dgl. abtragen will. — Daß man mit der Pinzette gebrechliche Gebilde viel schonender anfassen kann, wenn die Federung nicht zu stark ist, braucht wohl kaum in Erinnerung gebracht zu werden.

Scharfe Instrumente kommen bei der Zerfaserungsmethode nur für ganz bestimmte Zwecke zur Anwendung. Wenn es sich um die Anlegung größerer Schnitte durch das Gehirn handelt, ist ein Hirnmesser erforderlich: bei der Herstellung von Museumspräparaten, bei denen auf schöne Ausführung besonderer Wert gelegt wird, ist es für die letzte Putzarbeit sehr bequem über ein winkelig abgebogenes Messer, dessen sehr dünne, zweischneidige Klinge wie eine Lanzette geschliffen ist, zu verfügen. Aber sonst kommt man mit gewöhnlichen Messern gut aus, nur muß man solche mit möglichst dünnen Klingen wählen. Die Präparation so zarter Gebilde wie Nervenwurzeln u. dgl. geht übrigens mit einer kleinen, gebogenen Schere besser als mit einem Messer.

Bei der Arbeit nach dieser Methode ist ein Mithelfer, der das Gehirn in zweckmäßiger Lage hält und die verschiedenen Teile desselben nach Bedarf auseinanderzieht, wenn dies für die Präparation tiefer liegender Gebilde nötig ist, von sehr großem Nutzen. Dadurch wird viel Zeit gewonnen und das Resultat auch besser. Da übrigens gerade beim Präparieren verschiedene Beobachtungen, die am fertigen Präparate nicht möglich sind, gemacht werden können, muß viel Gewicht darauf gelegt werden, daß die Präparanten immer zu zweit arbeiten.

Eine Ermahnung muß hier noch hinzugefügt werden, nämlich daß die Präparate immer feucht gehalten werden müssen. Dies heißt aber nicht, daß sie in irgendeiner Konservierungsflüssigkeit versenkt sein müssen; man muß die Präparate nur bei jeder Unterbrechung der Arbeit mit einem feuchten Tuche zudecken und sie nach beendeter Arbeit in ein solches Tuch einwickeln und in einem geschlossenen Gefäße verwahren. Zum Benetzen der Tücher kann, außer der oben genannten Kaiserlingschen Lösung III, jede Flüssigkeit, die Schimmelbildung verhindert, dienen. — Falls das Präparat aus Versehen aber doch etwas trocken geworden sein sollte, dann lasse man es einige Stunden in fließendem Wasser liegen; wenn der Trocknungsprozeß nicht allzuweit vorgeschritten ist, bekommt das Präparat meistens seine frühere Konsistenz und sein früheres Aussehen wieder.

Wenn man ein fertiges Präparat längere Zeit aufbewahren will, damit es als Studienobjekt oder Muster bei Präparation oder Modellierung diene, kann man es in folgender Weise haltbarer machen. Nach Auslaugung des Präparates in lauem Wasser, legt man es für eine halbe Stunde in eine nicht zu dicke, warme Gelatinelösung, knetet es vorsichtig, damit die Gelatine besser eindringe, und trocknet das Überflüssige ab. Nachdem es kalt geworden ist, taucht man es für einige Minuten in 5—10%ige Formalinlösung ein.

Ehe ich zur speziellen Beschreibung der Zerfaserung eines Gehirns übergehe, will ich hier die wichtigsten allgemeinen Regeln kurz zusammenfassen:

1. Überlasse es immer der Gewebsstruktur allein die Spaltrichtung zu bestimmen.
2. Suche immer mit möglichst leichter Hand zu präparieren.
3. Verwende, so weit es tunlich ist, stumpfe Instrumente mit möglichst glatter Oberfläche.
4. Arbeite immer zu zweit.

Zweites Kapitel.

Präparation eines halben Gehirns mittels Zerfaserung.

A. Äußere Form. Weiche Hirnhäute. Nerven und Gefäße.

Der Präparant hat zuerst die mediane Schnittfläche des Gehirns zu besichtigen und nachzusehen, ob irgendeines der in der Mittellinie liegenden, unpaaren Gebilde (Hypophyse, Corpus pineale, Septum pellucidum, Art. basilaris usw.) bei der Halbierung des Gehirns verloren gegangen ist.

Dann studiert man die äußeren Formverhältnisse und die grobe Gliederung des Gehirns. Durch Vergleich mit einem geöffneten Schädel (wenn möglich mit erhaltener Dura mater) orientiert man sich über die Lage des Gehirns in der Schädelhöhle und über den Grad der Übereinstimmung der beiden Gebilde miteinander hinsichtlich der Form. Die Form- und Größenverschiedenheiten, z. B. des Dorsum sellae und der tiefen Fossa media basalis cerebri erklären Form und Größe der betreffenden Arachnoidalzisternen.

Mit Pinzette und Schere werden jetzt die größeren Zisternen mit Ausnahme der Cist. cerebellomedullaris geöffnet und die darin verlaufenden Nerven und Gefäße sorgfältig von den anhaftenden Bindegewebsbalken und -lamellen gelöst. Die Äste der Art. carotis interna und basilaris werden identifiziert und ein Stück weit verfolgt, worauf sie entfernt werden. Besondere Vorsicht erheischt die Präparation des dünnen Nervus trochlearis, der in Begleitung der Art. cerebri posterior und Art. cerebelli superior durch die Cist. ambiens um den Hirnstamm herum verläuft. Damit dieser Nerv nicht später unversehens losgerissen werde, tut man gut daran, ihn einige Millimeter nach seinem Austritt hinter dem Colliculus inferior abzuschneiden. Das oberhalb der Lamina quadrigemina liegende Corpus pineale und die Vena magna Galeni werden von dem umgebenden, ziemlich dichten Arachnoidalgewebe befreit.

Nach Besichtigung der jetzt freiliegenden Außenfläche des Mittelhirns kann man zur Trennung des Großhirns vom Rautenhirn schreiten. Der Schnitt wird so gelegt, daß er dorsal zwischen den oberen und den unteren Vierhügel und ventral etwa 2 mm oberhalb der Brücke verläuft; er teilt also das Mittelhirn in zwei Stücke. — Der Rautenhirnteil unseres Präparates wird für spätere Untersuchung aufbewahrt; wir widmen unsere Aufmerksamkeit vorläufig nur dem Großhirnteil.

Nach Besichtigung der Arachnoidalzotten und der oberflächlich liegenden, in die Sinus durae matris mündenden Venen entfernt man Stück für Stück die weiche Hirnhaut mit den Gefäßen von der ganzen Oberfläche der Hemisphäre. Die zum größten Teil tiefer in den Furchen verlaufenden Arterien werden mit dem anhängenden Pialgewebe vorsichtig herausgezogen. Nur in die Fissura chorioidea und in den Spaltraum unter dem Balken darf man noch nicht eindringen; das hier liegende Bindegewebe lasse man vorläufig ganz unberührt.

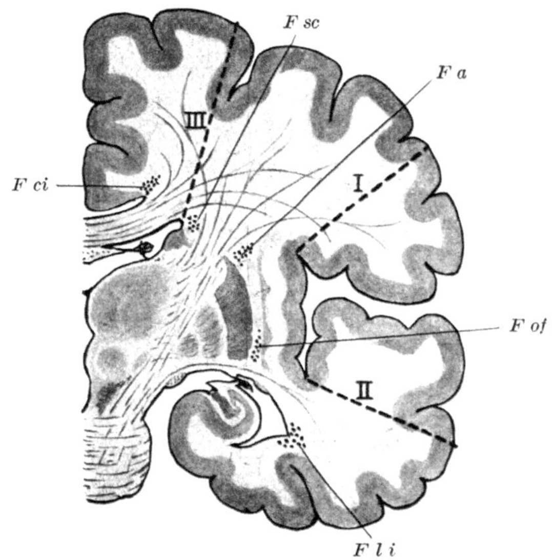

Abb. 3. *I–III* = Schnittrichtungen (s. Text.) — Die punktierten Felder bezeichnen Querschnitte der langen Assoziationsbündel: *F a* = Fasc. arcuatus; *F ci* = F. cinguli; *F li* = F. longit. inf.; *F of i* = F. occipito-frontalis inf. (CURRAN); *F sc* = F. subcallosus s. fronto-occipitalis (FOREL).

Jetzt kann man die Gliederung des Palliums klar beobachten. Die Loben und die intralobären Fissuren, ebenso die typischen Sulci und Gyri werden nacheinander aufgesucht; zur besseren Orientierung können die wichtigeren Furchen mit einem Anilinstift markiert werden. Man versäume nicht die in der Tiefe der größeren Furchen (z. B. in der Fiss. calcarina), versteckten Gyri profundi zu besehen. — Um den Stammlobus **(Insula)** besser überblicken zu können, entfernt man die überhängenden Opercula. Zuerst schneidet man das Operculum temporale ab; unter Leitung des in den unteren Abschnitt des Sulcus circularis eingeführten linken Zeigefingers führt man das Messer in der Richtung, wie sie in Textabb. 3 (Schnitt II) angegeben ist, von der Spitze des Temporallappens nach hinten und dann nach oben gegen den hinteren

Teil der Fissura Sylvii. In entsprechender Weise wird das Operculum frontale und zuletzt das Operculum Rolandi (superius) abgetragen (Textabb. 3, Schnitt I. — Vgl. auch *Taf. II, Abb. 3*). — Die drei abgetrennten Stücke können dann mittels gespitzter Hölzchen u. dgl. in ihrer ursprünglichen Lage zueinander befestigt werden.

Die oberflächlichen Gebilde des Rhinencephalons sind jetzt alle, mit Ausnahme von Teilen des Gyrus dentatus, für Inspektion zugänglich. Das Studium derselben darf nicht aufgeschoben werden, da verschiedene Details später leicht leiden können.

B. Marksubstanz des Großhirns. Assoziationsfasern. Corpus callosum. Hirnventrikel.

Ein instruktives Bild des räumlichen Verhältnisses der Rinde und des Marks im Pallium erhält man durch vollständiges Wegräumen der Rindensubstanz an einem beliebigen Abschnitt des Großhirns (vgl. *Taf. XIV, Abb. 38*). — Wir wählen die Innenseite des Occipitallappens und entfernen mit dem knöchernen oder gläsernen Spatel die Rinde nicht nur von der freien Fläche der Windungen, sondern auch aus den tiefen Fiss. calcarina und parietooccipitalis und den seichteren Nebenfurchen *(Taf. I, Abb. 1 u. 2)*. Zwischen den breiten Mulden, die solcherweise entstehen, bleiben mehr oder weniger hohe, schmale Markleisten stehen. Von dem abgerundeten Boden dieser Mulden lassen sich mit dem Spatel dünne, über die Fläche gebogene Marklamellen abblättern, welche aus den kurzen Assoziationsfasern, **Fibrae propriae** s. arcuatae, bestehen. In der vorderen Hälfte der Fiss. calcarina und im unteren Teil der Fiss. parietooccipitalis muß man achtgeben, daß man nicht die hier sehr dünne Wand des Hinterhorns durchbreche.

Wird in gleicher Weise der Gyrus fusiformis entrindet und die angrenzenden Furchen vollständig ausgeräumt und dann die starke Markleiste des genannten Gyrus bis zum Niveau der Furchen und noch etwas tiefer weggeschabt, trifft man ein System langer, sagittal verlaufender Fasern an, **Fasciculus longit. inf.**[1] *(Taf. I, Abb. 2)*.

Zwei andere, große Assoziationsbahnen, die dicht an der Insula vorbeilaufen, sind ebenso leicht präparierbar *(Taf. II, Abb. 3)*. Wenn man am Limen insulae, wo die vertikale Fläche der Insel in die horizontale Basalfläche des Gehirns umbiegt, die weichere Oberflächenschicht bis zu einer Tiefe von 2—3 mm wegschabt, trifft man starke, bogenförmige Faserbündel, die man einerseits gegen die Spitze des Temporallappens hin, andererseits in das Mark der Orbitalgyri des Frontallappens hinein ohne Schwierigkeit verfolgen kann; dies ist der **Fasc. uncinatus.** —

[1] Dieser Assoziationsfaszikel kann auch von der lateralen Seite her durch Wegräumen des Gyrus temp. medius freigelegt werden. Vgl. Textabb. 3, wo auch die Lage der übrigen langen Faszikel angegeben ist.

Die andere Assoziationsbahn, der **Fasciculus arcuatus** (s. longitudinalis superior) geht längs des oberen Randes der Insel und kann durch vorsichtiges Wegschaben der Rinde und der oberflächlichsten Markschicht in dem Sulcus circularis und etwas oberhalb desselben dargestellt werden. Durch die sagittale Richtung seiner Fasern unterscheidet sich dieser Faszikel deutlich von den quer überkreuzenden Fasern der Corona radiata zum Operculum ROLANDI.

Zu den langen Assoziationsbündeln gehört auch der **Fasc. cinguli.** Um diesen freizulegen, schabt man zuerst die Rinde an der Area parolfactoria, dem Gyr. cinguli und dem Isthmus gyri fornicati ab (unter Schonung der in der Tiefe des Sulc. corp. call. versteckten Taenia tecta und der Fasciola cinerea). Wird nun auch die Markleiste des Gyr. cing. und ein wenig der nächstliegenden weißen Substanz entfernt, dann kommt der betreffende Faszikel als ein kräftiger längslaufender Faserzug zum Vorschein, der mit dem Spatel leicht von der unterliegenden Balkenstrahlung abgehoben werden kann *(Taf. I, Abb. 1)*. Der Fasc. cinguli kann ohne Schwierigkeit in seiner ganzen Ausdehnung bis in den Gyr. hippocampi hinein lospräpariert werden; man begnüge sich aber damit, bloß seinen oberen und vorderen Teil freizumachen, schneide ihn hinter dem Splenium durch und löse ihn nebst seinen Ausstrahlungen in benachbarte Gyri nach vorne bis unter dem Balkenknie von seiner Unterlage.

Die **Balkenstrahlung** gegen den oberen Rand der Hemisphäre und gegen die Medialseite des Stirnlappens hin (Forceps anterior) liegt jetzt ziemlich vollständig zutage; um den Forceps posterior überblicken zu können, müssen noch Teile des Präcuneus und Cuneus weggebrochen werden. — Am Splenium und am Genu des Balkens besichtige man den Übergang des Induseum griseum (Striae longitudinales) in die Fascia dentata, resp. in den Gyr. subcallosus.

Zwischen dem vorderen Teile des Balkenkörpers, dem Rostrum corp. call. und dem über das Foramen MONROI nach oben hinten ziehenden Fornix spannt sich das dünne **Septum pellucidum.** Dieses wird aus seiner Einrahmung ausgeschnitten und der Fornix über dem For. MONROI durchgetrennt, wodurch man sich einen Einblick in das Vorderhorn und den mittleren Teil des Seitenventrikels verschaffen kann. — Wenn man jetzt den hinteren Teil des Balkens und den mit ihm verwachsenen Fornix vorsichtig nach oben hebt, sieht man, daß die Spalte zwischen ihnen und der oberen Fläche des Thalamus opticus von lockerem, pialem Bindegewebe **(Velum interpositum)** durchsetzt ist, das lateralwärts mit einem verdickten, gefäßreichen Rande (Plexus chorioideus) in den Seitenventrikel einragt. Die Anheftung des Plexus chor. am freien, lateralen Rande des Fornix wird jetzt von dem For. MONROI bis hinter den Thalamus gelöst.

Um den **Seitenventrikel** vollständiger überblicken zu können, muß man den Balken entfernen. Zu diesem Zweck wird zuerst das Genu corp. call. und der Frontallappen mit einem in das Vorderhorn bis zum lateralen Winkel desselben eingeführten Messer in horizontaler Richtung durchschnitten. Ein zweiter, etwas tieferer Schnitt geht dicht vor dem Splenium durch den hinteren Teil des Balkens und den darunterliegenden Fornix nach oben und hinten bis zur Außenfläche des Parietallappens. Diese beiden Schnitte, deren Richtungen in *Taf. I, Abb. 1* durch gestrichelte Linien angegeben sind, werden durch einen dritten vereinigt, welcher innen dem lateralen Winkel des Ventrikels folgt, außen 2—3 cm von der Medianebene entfernt verläuft. (Die Richtung des letzteren Schnittes zeigt Textabb. 3, Schnitt III.) Man hebt das solcherweise losgetrennte Stück ab und besichtigt dessen Unterseite mit Teilen des Fornix und Psalterium.

Entlang des lateralen Randes des Nucl. caudatus verläuft ein Bündel langer Assoziationsfasern, **Fasc. subcallosus** s. fronto-occipitalis (FOREL), welcher durch Wegkratzen der überkreuzenden Balkenfasern freigelegt wird *(Taf. II, Abb. 4)*.

Die Ausstrahlung der durch das Splenium verlaufenden Balkenfasern gegen den Temporal- und Occipitallappen und zum Hippocampus hin kann in folgender Weise demonstriert werden. Mit einer Sonde oder Ahle, die von dem vertikalen Teil des Seitenventrikels in das Hinterhorn eingeführt wird, sucht man die dünne Wand auf, die das Horn von der Fissura calcarina trennt und durchsticht sie. Von dieser Öffnung aus spaltet man stumpf (mit der Ahle oder einem Glasstab) die Fasermasse bis durch das Splenium. Wenn man die beiden Teile auseinander hält *(Taf. II, Abb. 4)*, hat man freien Einblick in das Trigonum ventriculi. Wird jetzt das Ependym der lateralen Wand vorsichtig weggeschabt oder, noch besser, mit der Glassonde abgehoben, so sieht man deutlich, wie die vom oberen Abschnitt des Splenium kommenden, leicht divergierenden Fasern eine zusammenhängende Schicht, das sog. **Tapetum,** bilden; wird auch diese Schicht entfernt, dann kommen starke horizontale Faserzüge, der hintere Thalamusstiel oder die GRATIOLETsche Strahlung, zum Vorschein (vgl. *Taf. III, Abb. 6* und *Taf. VI, Abb. 13*).

Das Velum interpositum mit dem Plexus chorioideus *(Taf. II, Abb. 4)* wird nun von der Oberfläche des Thalamus abgelöst (Vena terminalis am For. MONROI durchschneiden!) und die Fortsetzung des Plexus in das Unterhorn durch die Fissura chorioidea herausgezogen; wenn die Ränder der Fissur dabei etwas auseinander gehalten werden, kann man sehen, wie der Plexus an der Fimbria befestigt ist. — Untersucht man den Verlauf der Fasern, die von dem unteren, „umgeklappten" Teil des Splenium kommen, so sieht man, daß sie nur eine ganz dünne Schicht an der medialen Wand des Trigonum ventriculi und des Hinterhorns bilden; die übrigen Fasern ziehen mit der Fimbria ins Unterhorn und strahlen in den Alveus aus.

C. Nucleus caudatus. Thalamus opticus.

Die Präparation der Großhirnganglien beginne man mit dem **Nucl. caudatus.** — Dieser Kern läßt sich trotz seiner Brüchigkeit in toto herausnehmen, wenn man nur die deckende, zähe Ependym- und Gliaschicht bewahrt und die längs seines medialen Randes verlaufende, aus relativ starken Faserbündeln bestehende Stria terminalis (Taenia semicircularis) mitnimmt; man begnüge sich aber vorläufig damit, nur den Körper und den Kopf des Kerns loszutrennen und den im Dache des Unterhorns liegenden Schwanz zurückzulassen. Man durchschneidet also den Kern und die Stria term. an der Stelle, wo sie hinter dem Thalamus herumbiegen, und die letztere auch am Foramen Monroi und durchritzt das Ependym längs dem Rande des Kerns. Weiterhin wird die Lamina terminalis von der Columna fornicis und der Commissura ant. lospräpariert und zusammen mit dem Gyrus subcallosus und den vom Rostrum corp. call. abwärts strahlenden Fasern nach unten geschlagen und dann bei ihrem Übergang in die Substantia perforata anterior abgetrennt, wodurch die mediale gegen die Area parolfactoria gekehrte Seite des Caudatuskopfes sichtbar wird *(Taf. III, Abb. 5)*. Die Freilegung dieser Partie des Kerns wird vorsichtig so weit nach hinten und vorne fortgesetzt, bis man den Durchtritt sowohl der Commissura ant., als auch des vordersten (untersten) Teils der Capsula interna gesehen hat.

Jetzt hat man sich hinreichend orientiert, um den Schwanzkern von seiner Unterlage abheben zu können. Man beginnt von hinten und dringt mit dem Spatel unter die Stria term. und den Schwanz ein, abwechselnd von der medialen und der lateralen Seite her, und löst sie nach und nach von der Capsula interna ab. Unter dem Kopfteil des Kernes werden die Faserbündel der Kapsel dünner und liegen mehr zerstreut, weshalb die Grenze hier weniger deutlich ist; unterhalb der Commissura ant. verlaufen nur vereinzelte Bündel der Kapselstrahlung. Der unterste Teil des Caudatuskopfes (Colliculus nucl. caudati) wird von dem mit ihm zusammenhängenden Putamen des Nucl. lenticularis am besten mit dem Messer abgetrennt. — Der freie Schwanzkern ist auf *Taf. V, Abb. 10* abgebildet; das leere Bett desselben sieht man auf *Taf. III, Abb. 6*.

Ehe man zur Lospräparierung des **Thalamus opticus** schreitet, müssen erst einige mit ihm verbundene Gebilde behandelt werden. Wenn man im unteren Teil der Seitenwand des III. Ventrikels die relativ weiche Substantia grisea centralis vorsichtig wegschabt, findet man zwei vom Corpus mamillare ausgehende, wohlbegrenzte Faserbündel, von denen das vordere, Crus fornicis, nach oben direkt in den Fornix übergeht, das hintere dagegen, Crus thalamium oder Vicq d'Azyrs Bündel, bald in den vorderen Teil des Thalamus eindringt *(Taf. II, Abb. 4)*. Die untere Ventrikelwand zwischen Corpus mamillare und Tractus opticus (also das Tuber cinereum), sowie einige den Riechbahnen angehörende, vor und hinter der Commissura ant. aufsteigende, lockere Faserbündel werden entfernt *(Taf. III, Abb. 5)* und der Fornixschenkel und das Corpus mamillare freigemacht, so daß diese letzteren am VICQ D'AZYRschen schen Bündel hängend, nach hinten umgelegt werden können *(Taf. III, Abb. 6)*[1]. Jetzt ist die um den Pes pedunculi lateralwärts umbiegende **Ansa peduncularis** entblößt. Man löst den Tractus opticus von dem Pes, säubert diesen und dringt mit der Ahle oder einer Sonde zwischen dem medialen Pesrand und der Ansa, jenem genau folgend, in der Richtung gegen die Commissura ant. vor und durchtrennt schließlich die Ansa mit einem gegen die Ahle gerichteten Messerschnitt. (Der Schnitt ist in der letztgenannten *Abb. 6* sichtbar.)

Mit der Durchschneidung der Ansa peduncularis ist ein wesentliches Hindernis der Abhebung des Thalamus von der Capsula interna beseitigt worden; aber auch die Umschlingung des hinteren Randes der Kapsel durch den Tractus opticus bereitet eine gewisse Schwierigkeit. Diese läßt sich aber überwinden, wenn man den ganzen Traktus mit seiner Ausstrahlung zum Colliculus superior, Pulvinar und Corpus geniculatum laterale von seiner Unterlage und von der lateral angrenzenden Stria terminalis sorgfältig ablöst und den Traktus aus seiner versteckten Lage dicht an der Fissura chorioidea medialwärts verlagert[2]. Den nötigen Raum für diese Präparation erhält man durch starkes Herabziehen der Spleniumstrahlung zum Unterhorn.

Nach diesen Vorbereitungen dringt man einfach mit dem Spatel an der Schnittfläche durch das Mittelhirn in die zwischen Tegmentum und Pes liegende, leicht sichtbare Substantia nigra SÖMMERINGI soweit ein, bis man die Spitze des Daumens in die Spalte einführen kann, um einerseits Pes und Capsula interna, andererseits Tegmentum und Thalamus auseinander zu keilen. (Bei scharfem Nagel Gummifingerling anwenden!) — Will man sich über die Einzelheiten näher orientieren, dann ist es natürlich besser mit dem Spatel zu arbeiten und nur schrittweise weiterzugehen, immer mit genauer Beachtung, daß man nicht störend in die „natürliche" Spaltung eingreift. — Im Anfang geht die Lostrennung sehr leicht, aber wenn man sich dem vorderen und seitlichen Rande des Thalamus nähert, wo die Fasern aus der Gitterschicht in die Capsula interna eindringen, muß mehr Kraft aufgewendet werden, ehe sich diese Fasern (d. h. die Thalamusstiele) mehr oder weniger weit aus der Kapsel auslösen und schließlich abreißen. Durch etwas geänderte Richtung des ausgeübten Druckes kann man den Thalamus entweder mit seiner

[1] Bei sehr vorsichtiger Präparation gelingt es bisweilen den von der Columna fornicis in die Stria medullaris thalami übergehenden Tractus cortico-habenularis unbeschädigt zu bewahren *(s. Taf. V, Abb. 11)*.

[2] Oft kann man dabei einen Bruch des Corpus genic. lat. nicht vermeiden, aber meistens bleiben die Teile doch zusammenhängend.

Strahlung oder ohne diese freimachen (vgl. *Taf. V, Abb. 11* und *Taf. VII, Abb. 16* u. *17*). Die Lostrennung des Thalamus geschieht am besten von vorne nach hinten.

Das nun losgetrennte Präparat umfaßt außer einem Teil des Mittelhirns und dem eigentlichen Thalamus (mit oder ohne Stiele) auch das Tegmentum thalami (**Hypothalamus**). Wenn man am Querschnitt durch das Mittelhirn mit dem Spatel im Niveau des Aquaeductus Sylvii eindringt und das Tegmentum mesencephali von den deckenden Lamina und Brachia quadrigemina löst und nach unten abdrängt, so setzt sich der Riß annähernd an der Grenze zwischen Thalamus und Tegmentum thalami nach vorne fort *(Taf. V, Abb. 11* und *Taf. VII, Abb. 16)*. Eine vollständige Trennung der betreffenden Teile des Zwischenhirns ist nicht nötig; man kann Halt machen, wenn man zum Vicq d'Azyrschen Bündel kommt. In den unteren, keilförmigen Tegmentteil des Präparates strecken sich die Substantia nigra und der Nucleus ruber von unten hinein. Die erstere ist an der dunkleren Farbe leicht zu erkennen. Der Nucl. ruber dagegen ist dank der festen Konsistenz seiner großenteils aus Bindearmfasern gebildeten Markkapsel ziemlich gut abgrenzbar; wenn man die umgebende, etwas weichere Substanz vorsichtig abschält, läßt sich feststellen, daß Fasern aus jener Kapsel in die Ansa peduncularis übergehen *(Taf. V, Abb. 11*; vgl. auch *Taf. XIII, Abb. 37* und *Taf. XV, Abb. 43* und *44)*. — Der dritte in dieser Gegend liegende Kern, das Corpus subthalamium (Luys), ist nicht gut präparierbar, doch wird seine Lage oft durch eine kleine Konvexität an der Unterseite des Tegmentum thalami, lateral vom vorderen Ende der Substantia nigra angedeutet *(s. Taf. XV, Abb. 44)*.

D. Capsula interna. Nucleus lenticularis.

Ein Blick auf die jetzt in ihrer ganzen Ausdehnung freigelegte obere Seite der **Capsula interna** ist sehr lehrreich *(Taf. IV, Abb. 7* und *Taf. VI, Abb. 13)*. Man unterscheidet leicht das Bett des Nucl. caudatus von dem des Thalamus. Die beiden Felder liegen nicht in derselben Ebene und werden durch einen bogenförmigen Kamm oder First, welcher der Richtung der Stria terminalis folgt, voneinander getrennt. Der steiler abfallende Abhang dieses Firstes gegen das Thalamusbett hin zeigt eine, durch die abgerissenen Fasern der Thalamusstrahlung bedingte, rauhere Oberfläche als der Rest des Feldes, der durch die dicken, wohl abgegrenzten, gegen den Pes fächerförmig konvergierenden Faserbündel gekennzeichnet wird. Die letzteren legen sich erst in dem eigentlichen Pes dicht zusammen; sonst ist zwischen ihnen Platz genug für den Durchtritt anderer Fasern, nämlich der Ansa lenticularis. An der Oberseite des Pes haften meistens noch Reste der Substantia nigra an; etwas mehr lateral nach oben sieht man oft einen kleinen, rundlichen, von dem Corpus subthalamium verursachten Eindruck (vgl. *Taf. VII, Abb. 18**). Unter dem Nucl. caudatus hat die Capsula interna nicht dasselbe Aussehen wie unter dem Thalamus. Im hinteren und mittleren Teil des Caudatusbettes sammeln sich die Fasern, die größtenteils der Thalamusstrahlung angehören, in grobe, rundliche Bündel, zwischen welchen dünne Brücken grauer Substanz den Nucl. caudatus mit dem oberen Rande des Putamen des Linsenkerns verbinden *(Taf. III, Abb. 6* und *Taf. IV, Abb. 7)*. Vorne sieht man, wie die betreffenden Bündel, ehe sie als Corona radiata in den Markkörper der Hemisphäre einstrahlen, in horizontaler Richtung umbiegen; sie können hier leicht als zu dem Fasc. subcallosus gehörende Fasern aufgefaßt werden. — Von der vordersten, unter dem Caudatuskopfe liegenden Partie der Capsula interna war schon oben S. 16 die Rede.

Aus der charakteristischen Konfiguration der inneren Kapsel erklärt sich leicht ihre an Horizontalschnitten durch diese Gegend auffallende Winkelbiegung; das Genu entspricht dem First. Wichtig ist die Feststellung, daß die Faserrichtung in der Capsula interna mit der Richtung des Firstes gar nicht zusammenfällt, und daß infolgedessen eine Bahn, die auf einem gewissen Horizontalschnitt durch das Genu verläuft, auf einem höher gelegenen Schnitt in dem vorderen, und auf einem tieferen in dem hinteren Schenkel der Kapsel liegen muß.

Der **Nucleus lenticularis** kann sowohl von der lateralen als auch von der medialen Seite her präpariert werden. — Im ersteren Falle hat man zuerst die Rinde an der Insula mit dem Spatel zu entfernen und dann die darunterliegende Marksubstanz schichtweise abzutragen. Bei guter Konservierung des Materials merkt man es an der etwas dunkleren Farbe und weicheren Konsistenz, wenn man zum Claustrum gekommen ist. Innerhalb desselben liegt die Capsula externa, welche die Außenfläche des Linsenkerns bekleidet. Unten am Limen insulae, im Anschluß an den Fasc. uncinatus gehen deutliche Faserzüge von vorn nach hinten, die dem Fasc. occipito-frontalis inf. (Curran) angehören; sonst aber besteht die äußere Kapsel aus dünnen Lamellen feiner, nach oben fächerförmig ausstrahlenden Fasern. Wenn diese Lamellen nacheinander abgeblättert werden, tritt das Relief des Linsenkerns immer deutlicher hervor; die durchschimmernde Farbe gibt Aufschluß über seine Ausdehnung *(Taf. IV, Abb. 8)*.

Unter den abgerundeten unteren Rand des Kerns kann man mit dem Spatel leicht eindringen; wenn man ihn von seiner Unterlage abzuheben versucht, spannt sich ein rundes, wohl abgegrenztes Faserbündel, das von der Unterseite des Kerns nach hinten und etwas nach unten geht und nichts anderes ist, als der dorsalwärts ziehende Schenkel der Commissura anterior. Um den Linsenkern vollständig von seiner horizontalen Unterlage ablösen zu können, tut man gut dieses Bündel mit der Schere oder dem Messer zu durchschneiden.

Nach vorne hin ist es ebenfalls leicht den Kern von der angrenzenden weißen Substanz so weit freizumachen, daß man zu dem vorderen Teil der Capsula interna kommt. — Um den oberen und hinteren Rand des Linsenkerns, der dünn und durch die Verbindungen mit dem Schwanzkern zackig ist, zu bestimmen, beachte man, außer dem Farbenunterschied, daß die Rißfläche der Corona radiata grobfaseriger erscheint als die der Capsula externa. Wenn man mit dem Spatel an der oberen Grenze des Kerns eindringt, kann man, unter Kontrolle eines an der oberen medialen Seite der Capsula interna tastenden Fingers diese nach und nach von der oberen, nach innen schräg abfallenden Seite des Linsenkerns ablösen; man folge dabei genau der unteren Fläche der Kapsel, sonst läuft man Gefahr mit dem Spatel zwischen Putamen und Globus pallidus hinein zu geraten. — Zur vollständigen Freimachung des Kerns ist ein wenig Nachhilfe von der medialen Seite her nötig; man löst die vorderste, unter der Capsula int. sichtbare Partie des Kerns, hebt die Ansa peduncularis von der Unterseite des Pes pedunculi ab und dringt unter dem letzteren gegen die Spitze des Linsenkerns ein. Zuletzt kann man den ganzen Kern aus seinem Bett lateralwärts aushebeln *(Taf. V, Abb. 9)*.

Bei der jetzt beschriebenen Präparation des Nucl. lenticularis von der lateralen Seite her ist es bisweilen schwierig den Kern unbeschädigt auszugraben. Seine Freilegung von innen ist für den Kern selbst schonender, muß aber auf Kosten der Unversehrtheit der Capsula int. geschehen, denn diese kann schwerlich in toto von dem Linsenkern losgelöst und hinreichend hoch emporgeschlagen werden. — Am besten verfährt man, indem man zuerst zwischen Pes und Ansa peduncularis eindringt und den medialen Rand der Kapsel ablöst und dann ihre Faserbündel beim Übergang in die Corona radiata durchschneidet. Die Ablösung und Durchtrennung setzt man schrittweise nach hinten und unten hin so weit fort, daß zuletzt die ganze Kapsel in einem Stück von dem Linsenkern abgehoben werden kann. (Die Trennungslinie sieht man auf *Taf. VI, Abb. 13)*. Der Kern wird dann von der Marksubstanz des Frontallappens, von der Capsula externa und zuletzt von seiner Unterlage, der Sublenticularsubstanz, gelöst, und ausgehebelt, wobei man nicht versäume die Commissura ant. scharf zu durchtrennen, weil der Kern sonst leicht zerbricht *(Taf. VI, Abb. 14* u. *15)*.

Der lospräparierte Linsenkern ist auf *Taf. V, Abb. 12* und *Taf. VII, Abb. 20* u. *21* abgebildet. An seiner oberen medialen Seite, die entsprechend der Winkelbiegung der Capsula interna in eine vordere und eine hintere Facette mehr oder weniger deutlich geteilt ist, kann man meistens die Grenzen zwischen seinen Segmenten, die Laminae medullares, unterscheiden[1]. An der Spitze und der unteren Seite des Globus

[1] Auch an der unteren lateralen Seite der Capsula int. kann man bisweilen die Lage dieser Grenzen feststellen *(s. Taf. V, Abb.* 9 † und *Taf. VII, Abb.* 19 x*)*.

pallidus sieht man die einstrahlenden Fasern der Ansa peduncularis und etwas weiter nach vorn (etwa an der Grenze zwischen Putamen und Globus pallidus) die Commissura anterior, die man auch an der Unterseite des Kerns wiederfindet, ehe sie in die Sublenticularsubstanz übergeht *(Taf. VII, Abb. 21)*.

Es erübrigt noch, das Bett des Nucl. lenticularis zu besichtigen und die topographischen Verhältnisse dieser wichtigen Region des Gehirns näher zu studieren. Man beachte, daß der vordere, größere Teil des Linsenkernes auf der Substantia perforata anterior und den zunächst liegenden Orbitalgyri liegt, während sein hinterer Teil dem vorderen Ende des Gyrus hippocampi mit dem Nucleus amygdalae und dem Unterhorn entspricht. Von den letzteren Gebilden ist der Linsenkern nur durch eine relativ dünne sublenticulare Markschicht getrennt, in welcher man Faserzüge der Commissura ant., der Ansa peduncularis, der Capsula interna und externa und des diagonalen Bandes Brocas herauspräparieren kann (vgl. *Taf. XII* u. *XIII* und *Taf. XV, Abb. 41* u. *42)*.

Wenn man das vorliegende Präparat auch für das Studium des Unterhorns verwenden will, kann man die Fissura chorioidea durch einen in der Höhe der Subst. perfor. ant. verlaufenden Horizontalschnitt nach vorne zu verlängern, wodurch man den Temporallappen hinreichend weit nach außen umlegen kann, um den nötigen Raum für die nähere Untersuchung zu bekommen. Einen weit besseren Überblick über die Gestaltung der hier liegenden Gebilde gibt indessen die im Kap. III beschriebene Präparationsmethode.

E. Äußere Form des Rautenhirns. IV. Ventrikel.

An dem Rautenhirn muß die Untersuchung mit den zarten Gebilden unterhalb der Brücke und des Kleinhirns beginnen, da diese bei der folgenden Hantierung des Präparates leicht beschädigt werden können.

An der vorderen und lateralen Seite der Medulla oblongata werden die Reste der Arachnoidea, die Gefäße und die Pia entfernt, wobei die Nervenwurzeln sorgfältig geschont werden müssen; sie reißen sehr leicht ab, wenn man sie nicht mit einer feinen Schere umschneidet. — Wenn man die Glossopharyngeus-Vaguswurzeln nach der ventralen Seite legt, überblickt man den Kleinhirnbrückenwinkel mit dem Austritt des N. facialis und N. acusticus und dem aus dem Füllhorn hervorsprossenden Glomus chorioideum. Am ventralen Umfange des letzteren ist eine schmale Öffnung (Foramen Luschka), durch welche man eine feine Sonde in den Recessus lateralis des IV. Ventrikels einführen kann.

An der Dorsalseite dringt man in die Cisterna cerebello-medullaris ein und löst vorsichtig die dünne gefäßführende Deckplatte (Tela chorioidea) des IV. Ventrikels von der Unterseite des Kleinhirns so weit hinauf, daß man am Nodulus ihren Übergang in das glatte, halb durchsichtige Velum medullare inferius sieht. —

Man besichtigt den Boden des IV. Ventrikels mit seinen Sulci, Foveae usw.; im seitlichen Winkel unter dem Bindearm oberhalb der Fovea superior kann man die Ependymschicht durchritzen und sich überzeugen, daß die bläuliche Färbung dieser Stelle (Locus coeruleus) von dem Durchschimmern eines dunkelpigmentierten Zellkerns (Substantia ferruginea) herrührt[1]. Schließlich untersucht man die seitliche Ausdehnung des Recessus fastigii und des Recessus lateralis, die Insertionslinie der Tela chorioidea am Corpus restiforme und die in die Tela oft einstrahlenden Markstreifen (Obex, Ligula).

Jetzt gehen wir zum **Kleinhirn** über. Von der Eintrittsstelle des Ponsarms kann man die tiefe Fissura horizontalis bis zur Incisura posterior verfolgen, wo sie unter dem Folium vermis liegt. Zum Auffinden der interlobären Furchen an der Oberseite geht man am besten von der Schnittfläche des Vermis aus, wo man sich über ihre Lage leicht orientiert; Pia und Gefäße werden entfernt. — Die Lobuli quadrangulares ant. und post. werden mit der Schere oder dem Messer etwas gestutzt, wonach man die Rinde und die kleineren Markblätter mit einem Spatel entfernt, um die Anordnung der vom Markkern direkt ausgehenden Hauptleisten zu sehen; diese werden abgeschnitten, so daß nur ihre Wurzeln zurückbleiben *(Taf. VII, Abb. 22)*. Zwecks besserer Orientierung können die entsprechenden Lobuli des Wurms (Culmen und Declive) erhalten werden. Wenn schließlich die Ala des jetzt in seiner ganzen Ausdehnung sichtbaren Lob. centralis abgetragen wird, bekommt man freien Überblick über den Isthmus rhombencephali mit der auf dem Velum medullare superius liegenden Lingula, dem Bindearm und der zwischen ihm und dem Brückenarm befindlichen Fovea isthmi lateralis. Diese Grube, die das caudale Ende des Sulc. lateralis mesencephali bildet, ist eine topographisch wichtige Stelle, da die Gehörbahn (Lemniscus lateralis) hier an die Oberfläche tritt und sowohl die Trigeminuswurzel als auch das Corpus restiforme ganz nahe an dem Boden der Grube vorbeiziehen.

Auf der Unterseite des Kleinhirns werden gleichfalls die Hauptfurchen aufgesucht, die weiche Hirnhaut und die Gefäße entfernt und der Lob. biventer bis auf seine Wurzeln abgetragen. Der jetzt freigelegte untere Teil der Tonsilla wird auch weggenommen, wonach man die übrigen, nach innen und oben gerichteten Gyri derselben mittels eines in die Grenzfurche gegen die Uvula eingeführten Spatels, einen nach dem anderen, aus dem Schwalbennest (Nidus avis) herausholt und an ihrer gemeinsamen Wurzel abschneidet *(Taf. VII, Abb. 23)*. Man überzeuge sich jetzt, daß die gewölbte Decke des Nestes aus dem Velum medullare

[1] Zum Teil dürfte die Färbung von einer daselbst liegenden Vene bedingt sein.

inferius besteht und nur eine sehr dünne Scheidewand zwischen dem Arachnoidalraum um die Tonsille und dem Recessus fastigii des IV. Ventrikels bildet. Medianwärts hängt das Velum medullare inf. mit dem Nodulus, mehr oder weniger vollständig, zusammen.

Durch die Wegnahme der oben genannten Kleinhirnlappen ist jetzt der Brückenarm und sein Übergang in den dicken Markkern der Hemisphäre bloßgelegt worden, ausgenommen die Stelle, wo er von dem Flocculus (evtl. auch von einem Paraflocculus) bedeckt ist. Jener kleine Lappen läßt sich leicht von seiner Unterlage lösen und hängt jetzt nur noch an einem schmalen Stiel (Pedunculus flocculi), der unter den Ponsarm medial zieht. Um den Flockenstiel in seinem weiteren Verlauf präparieren zu können, muß man sich einen besseren Zugang zum Recessus lateralis des IV. Ventrikels verschaffen, zu welchem Zwecke die Tela chorioidea an ihrem Übergang in das Velum medullare inferius mit einer feinen Schere durchschnitten wird. Man kann sich dann leicht überzeugen, daß der Stiel teilweise in das Velum medullare inf. übergeht, daß sich aber sein stärkerer Teil an der medialen Seite des Corpus restiforme zur Gegend der Vestibulariskerne fortsetzt. Caudal vom Flockenstiel zieht die dorsale Wurzel des N. cochlearis quer über das Corp. restif.; sie läßt sich mit dem Tuberculum acusticum ohne Schwierigkeit von ihrer Unterlage abheben.

F. Innerer Aufbau des Rautenhirns.

Man schreitet zunächst zur Trennung des Hirnschenkelfußes (Pes pedunculi), der Brücke und der Pyramide (also der großen corticofugalen Bahnen) von der Haubenregion (Tegmentum), durch welche die aufsteigenden Bahnen verlaufen. — An dem Querschnitt durch das Mesencephalon (s. *Taf. VII, Abb. 22)* suche man zuerst die durch ihre Farbe deutlich abstechende Substantia nigra Sömmeringi auf. Hier dringt man mit dem Spatel so weit in das relativ weiche Gewebe ein, daß man das Tegmentum vom Pes etwas abheben kann [1]. *(Taf. VIII, Abb. 24).* Wo die Substantia nigra aufhört, fängt das Stratum profundum pontis an. Wenn man sich genau an der Grenze zwischen den transversalen Ponsfasern und den längslaufenden Fasern des Tegmentum hält, so ist es leicht durch hebelnde Bewegungen des Spatels die Haube von der hinteren Seite des Brückenkörpers loszumachen (Beachte die starke Dorsalkonvexität der Grenzlinie! *Taf. VIII, Abb. 26).* Am unteren Ponsrand tritt die Pyramidenbahn als ein gesammeltes Bündel aus der Brücken-

[1] Wenn dies mit gehöriger Vorsicht geschieht, kann man oft sehen, wie feine Fasern vom Pes aus die Substantia nigra durchbohren, um zur Haube zu gelangen, und auch wie ein (nicht konstantes) schräg über die Unterseite des Pes verlaufendes Faserbündel (Faisceau en écharpe de Féré) in die Fovea interpeduncularis eintaucht und sich in die Haube fortsetzt. Offenbar haben wir es hier mit dem sog. Peslemniscus zu tun *(*vgl. *Taf. I, Abb.* 2 und *Taf. IV, Abb.* 7*).*

substanz aus. Die Pyramide, die von querlaufenden Fibrae arciformes umgeben ist, wird von der Olive und der medial davon liegenden, durch die dichte Faserkreuzung sehr festen Interolivarsubstanz gelöst und dann von dem unteren Teil des verlängerten Marks losgerissen; an der so entstandenen natürlichen Rißfläche kann man oft deutliche Anzeichen der sukzessiven Kreuzung der Pyramidenbündel sehen *(Taf. VIII, Abb. 26)*. Um den Verlauf der Pyramidenbahn durch die Brückensubstanz zu studieren, macht man an der medianen Schnittfläche, 2—3 mm von der Unterseite, parallel zu dieser, einen seichten Schnitt, von welchem aus man das Stratum superficiale pontis mit dem Spatel seitwärts bis nahe an die Trigeminuswurzel heran abhebt. In dem somit bloßgelegten Stratum complexum sieht man zerstreute längslaufende Bündel zwischen die querverlaufenden Ponsfasern durchziehen; durch Wegpräparierung der letzteren kann man ein Längsbündel nach dem anderen freilegen und feststellen, daß sie vom Pes herstammen und nach unten zu in die Pyramide übergehen. Zwischen den querverlaufenden Brückenbündeln, besonders seitlich, wo sie in die Brückenarme übergehen, sieht man unregelmäßige Massen grauer, weicherer Substanz (Nuclei pontis).

Bei der jetzt folgenden Losmachung der lateralen Seite des Tegmentum von dem es umfassenden Ponsarm fängt man am Sulcus mesencephali lat. an und folgt ihm bis zur Fovea isthmi lateralis *(Taf. VIII, Abb. 24)*. Hier muß man aber sehr vorsichtig weiterschreiten, um den Verlauf der Trigeminuswurzel beobachten zu können, ehe sie beschädigt wird. Der Vorsicht halber führe man vorher eine Sonde in den Schlitz ein, durch welchen der Nerv von außen in die Brückensubstanz eindringt und suche durch Aufsuchen der Richtung des geringsten Widerstandes den Weg zu finden, den der Nerv zu seinen Kernen in der Area trigemini im Boden des IV. Ventrikels zurücklegt. Die Sonde kann vorläufig liegen bleiben um als Marke zu dienen.

Ehe wir weiter gehen, müssen wir uns über die gegenseitige Lage der drei **Kleinhirnschenkel** zueinander bei ihrem Eintritt in den Markkörper des Kleinhirns etwas näher orientieren. — An dem auf *Taf. VII, Abb. 22* abgebildeten Präparate besteht die oberflächliche Schicht des Markkörpers hauptsächlich aus den noch übriggebliebenen Resten der Markleisten der Lobuli quadrangulares und der Ala lobuli centr. und zwischen diesen Leisten aus Faserlamellen, die den Fibrae arcuatae des Großhirns entsprechen. Wenn diese Schicht lateral vom Ponsarm freigemacht und dann im ganzen medialwärts losgerissen wird, sieht man an der somit entstandenen „natürlichen" Rißfläche unmittelbar, daß die oberflächlichen Fasern des Ponsarmes ziemlich gerade nach hinten fortsetzen, während medial von ihnen andere Fasern auftauchen, welche eine mehr transversale Richtung gegen den Vermis hin einschlagen *(Taf. VIII, Abb. 24)*. Von diesen letzteren Fasern gehören diejenigen, welche direkt auf dem Brachium conjunct. liegen und es überkreuzen, dem Corpus restiforme an und können mit einer unter sie ein paar Millimeter weit eingeführten Sonde leicht von der Unterlage losgemacht werden. — Die laterale Grenze des Corpus restiforme gegen den Ponsarm sucht man am besten von unten auf. Im Kleinhirnbrückenwinkel (vgl. *Taf. VII, Abb. 23)* werden zuerst die Acusticus- und Facialiswurzeln vom untern Ponsrande gelöst und nach unten gelegt. Zwischen der dorsalen Cochleariswurzel und dem Flockenstiel, welcher durchschnitten wird, dringt man mit der Ahle in die Furche zwischen Corpus restiforme und Ponsarm ein und drängt diese Gebilde allmählich auseinander bis die Spitze des Instruments schließlich in der Fovea isthmi lateralis zum Vorschein kommt. Achtet man hierbei genau darauf, der Innenseite des Ponsarms möglichst genau zu folgen, so läßt sich auf diese Weise die Grenze zwischen dem ins Kleinhirnmark einstrahlenden tiefen Bündel von Ponsfasern und dem Corpus restiforme mit hinreichender Genauigkeit bestimmen. Mit einer von oben (in der Fovea isthmi lateralis) in den Schlitz eingeführten Sonde kann man dann diese medialwärts ziehenden Brückenfasern als eine dünne Lamelle von den unterliegenden, ziemlich in derselben Richtung verlaufenden Corpus restiforme-Fasern abspalten (vgl. *Taf. VIII, Abb. 24)*.

Eine andere, sehr instruktive Rißfläche, an welcher man die Anordnung der Fasern im Kleinhirn studieren kann, erhält man, wenn man die Lobuli semilunares sup. und inf. hinten mit den Fingern faßt und sie vorsichtig auseinander reißt; der Markkörper spaltet sich dann gewöhnlich dicht oberhalb des **Nucl. dentatus cerebelli** *(Taf. VIII, Abb. 25)*. Sobald das Relief dieses Kernes sichtbar wird, gehe man nur langsam weiter; man bemerkt dann, wie der sonst ziemlich horizontale Riß sich an einer Stelle, ventrolateral von dem Kern, dem eben erwähnten tiefen Ponsbündel entsprechend, in die Tiefe senkt. — Durch vollständige Aufklappung der oberen Hälfte des Markkörpers (wie in *Abb. 25)* oder durch Abtragung derselben kann man für die weitere Präparation des Nucl. dentatus Platz bereiten. Abgesehen von dem Corpus restiforme (dessen Bündel nach außen geschlagen werden), ist der Kern noch von einer Schicht aus der Kleinhirnrinde kommender, feiner Fasern (dem Vließ) bedeckt. Man suche diese Schicht zu entfernen, entweder durch vorsichtiges Schaben mit der Ahle, oder dadurch, daß man mit einer feinen Pinzette oder Glassonde dicht hinter und neben dem Kern kleine Faserbündel aus der Marksubstanz herausholt und sie als dünne Lamellen von der Oberfläche und aus den Furchen des Kerns löst und abzieht. Mit einiger Geduld kann man auf diese Weise den Kern ziemlich vollständig enthüllen, so daß seine eigentümliche Form und dunklere Farbe immer mehr zum Vorschein kommt (vgl. *Taf. XV, Abb. 43 und 44)*. Zuletzt dringt man unter dem Rande des Kerns ein und hebt ihn vorsichtig auf, um den an seiner Unterseite gelegenen Hilus, der dem

Bindearm zum Austritt dient, besehen zu können. Man bemerke, daß der laterale Winkel des Recessus fastigii meistens bis dicht unter den Hilus reicht. Beim Aufheben des Kerns reißt oft die dünne Wand des Recessus, und durch die Öffnung sieht man dann direkt das über dem Nidus avis gewölbte Velum medullare inferius.

Wenn man jetzt das Velum medullare superius durchtrennt und die Trigeminuswurzel in der Tiefe der Fovea isthmi lateralis abschneidet[1], läßt sich das auf *Taf. VIII, Abb. 25 und 26* abgebildete Präparat in zwei Teile trennen, von welchen der eine *(Abb. 27)* hauptsächlich das Kleinhirn und die Brücke, das andere *(Abb. 28 und 29)* das Tegmentum mit Corpus restiforme, Brachium conjunctivum und Nucleus dentatus umfaßt.

An dem letztgenannten Haubenteil unseres Präparates sind noch einige Beobachtungen zu machen. — Man besichtige zuerst die dem Brückenkörper anliegende Ventralseite der Haube, deren längslaufende Fasern die Schleife **(Lemniscus)** bilden *(Taf. VIII, Abb. 26 und 29)*. Die der Mittellinie zunächst liegenden Fasern, die hauptsächlich aus der Interolivarsubstanz heraufkommen und den Lemniscus medialis ausmachen, divergieren etwas nach oben, so daß sie am Übergang ins Mesencephalon die ganze ventrale Seite einnehmen. Die lateralen, aus den Cochleariskernen stammenden Fasern (Lemniscus lateralis) gehen noch mehr seitwärts und treten im Sulcus lat. mesenceph. an die Oberfläche, um zum Colliculus inferior weiterzuziehen. Das dreieckige Feld am Isthmus, wo die laterale Schleife den Bindearm schräg überquert (Trigonum lemnisci), ist an gut konserviertem Material schon in dem Oberflächenrelief kenntlich und sticht auch durch etwas dunklere Farbe von dem weißen Bindearm ab; durch Abschaben der oberflächlichen Gliaschicht mit den nur schwer sichtbaren, bogenförmigen Fasern des Tractus spino-cerebellaris ventralis (Gowers) wird dies noch deutlicher. Jetzt dringt man mit dem Spatel zwischen Bindearm und lateralem Lemniscus ein (wo in *Abb. 25 und 29* der Igelstachel eingeführt ist) und hebt den Lemniscus mitsamt dem Colliculus inferior vom Bindearm lateralwärts ab. Dank der relativ festen Konsistenz des Bindearms kann man ihn aus der umgebenden, weicheren Haubensubstanz herauspräparieren und die spiralige Drehung, die er vor seiner Kreuzung vollzieht, veranschaulichen (vgl. auch *Taf. XI, Abb. 35)*.

An der Seitenfläche des Präparates *(Taf. VIII, Abb. 29)*, im Winkel zwischen dem Corpus restiforme und dem Bindearm, dringt die Trigeminuswurzel in das Tegmentum ein; ihre caudalwärts umbiegende Fasern (Radix descendens V.) kann man ein Stück weit hinab verfolgen; Radix ascendens ist schwieriger zu präparieren. — An der Ventralseite des

[1] Meistens dürfte die Trigeminuswurzel an dieser Stelle schon zerrissen sein. Um dies zu vermeiden, kann man schon früher die oberhalb des Nerven liegenden Ponsbündel durchschneiden und den Nerven aus seinem Schlitz lospräparieren.

verlängerten Marks versuche man die in eine feste Markkapsel eingehüllte Oliva inferior gegen die Umgebung abzugrenzen. An ihrer lateralen Seite geht dies sehr leicht, aber medialwärts hängt der Kern mit der Interolivarsubstanz durch die aus dem Hilus des Kerns austretenden Fasern sehr fest zusammen. Bei der Freilegung des oberen Endes der Olive kann man mit gehöriger Vorsicht ein an der helleren Farbe kenntliches Faserbündel isolieren, das aus der mittleren Partie der Haube kommt und in die Kapsel der Olive übergeht; es ist dies die vom Thalamus zur Olive ziehende zentrale Haubenbahn.

Verschiedene andere Details können an gutem Material mit Hilfe der Zerfaserungsmethode demonstriert werden; da sie sich aber kaum zur Behandlung in einem elementären Präparationskurs eignen, kann ich sie hier unerwähnt lassen.

Drittes Kapitel.

Ergänzende Präparationen an einem halben Gehirn.

Die im vorstehenden beschriebene Zerfaserungsmethode, welche eine genaue Klarlegung der Form der einzelnen Hirnteile und ihrer Lagenverhältnisse zueinander bezweckt, ist aus rein technischen Gründen weniger geeignet, ein übersichtliches Gesamtbild so ausgedehnter und komplizierter Gebilde zu geben, wie es z. B. die Hirnventrikel, die Fornixformation und das extrapyramidale System (Kleinhirn — Nucl. ruber — Corp. striatum) sind. Das Studium der in der Mittellinie gelegenen Hirnteile ist durch die Halbierung des Gehirns erschwert worden und der Schnitt durch das Mesencephalon hat den Zusammenhang der dort liegenden Gebilde teilweise zerstört. Es ist deswegen bei genügendem Material sehr wünschenswert, daß den Präparanten Gelegenheit gegeben wird, gewisse ergänzende Untersuchungen an einem ganzen Gehirn zu machen. In solchem Falle ist es doch kaum nötig mehr als eine Hälfte des Gehirns zu zerstören; die andere Hälfte kann während der Präparation als Vergleichsobjekt unversehrt erhalten und nachher abgetrennt werden, um zur Herstellung von Serienschnitten oder zu anderen Zwecken zu dienen. Die Behandlung der den Präparanten zur Verfügung gestellten Gehirnhälfte gestaltet sich folgendermaßen.

A. Pallium. Ventrikel und angrenzende Gebilde.

Zuerst untersuche man, wie weit die Arachnoidea in die Fiss. cerebri longitudinalis und transversa eindringt, ehe sie um die freien Ränder der Falx, resp. des Tentoriums herum die Spalten überbrückt und die Zisternen abgrenzt. Man öffnet die Cist. chiasmatis, interpeduncularis und corporis callosi, inspektiert den Circ. art. Willisi und entfernt die weiche Hirnhaut und die Gefäße von den zugänglichen Seiten der zu präparierenden Hemisphäre.

Nach Inspektion der Furchen und Windungen an der konvexen Fläche entfernt man die oberhalb des Balkenniveaus liegende Partie der Hemisphäre durch einen horizontalen, oder noch besser medialwärts etwas abfallenden Schnitt mit dem Hirnmesser. Um nicht unversehens zu tief einzudringen, untersuche man vorher die Entfernung des Balkens von dem oberen Hemisphärenrand. Die Richtung dieses Schnittes ist in Textabb. 4 (Schnitt I) angegeben[1].

Durch Wegräumen der Reste des Gyrus und Fasciculus cinguli kann jetzt die ganze obere Fläche des Balkens mit den Striae longitudinales freigelegt werden. Auch die Ausstrahlungen von Genu und vom Splenium (Forceps ant. und post.) werden herauspräpariert *(Taf. IX, Abb. 30).*

Zur Offenlegung des **Seitenventrikels** muß der größere Teil des Balkens weggenommen werden; nur Genu, Splenium und ein vorne ganz schmaler, hinten etwas breiterer Streifen an der Mittellinie bleiben erhalten. Die Eröffnung beginnt mit der Anlegung eines Fensters durch die relativ

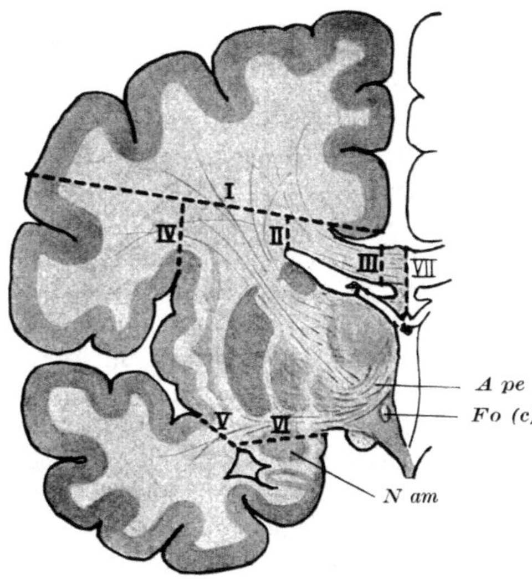

Abb. 4. *I – VII* = Schnittrichtungen (s. Text). – *A pe* = Ansa peduncularis; *Fo (c)* = Crus fornicis; *N am* = Nucleus amygdalae.

dünne Decke des Vorderhorns. Mit Hilfe einer eingeführten Sonde orientiert man sich über die Ausdehnung des Hohlraums und durchschneidet den Balken genau längs des lateralen Winkels des Ventrikels, bis zu der Stelle, wo dieser hinter dem Thalamus vertikal umbiegt (Textabb. 4, Schnitt II). Medialwärts werden die Balkenbündel dicht an der Anheftungslinie des Septum pellucidum und des Fornix nochmals durchschnitten (Textabb. 4, Schnitt III) und sukzessive entfernt. Hinter dem For. Monroi muß sehr vorsichtig verfahren werden, um den Plexus chorioideus in seiner natürlichen Lage und Verbindung erhalten zu können *(Taf. IX, Abb. 30).*

[1] Auch der vordere Teil des Stirnlappens kann durch einen Frontalschnitt, etwa 1 cm vor dem Balkenknie, abgetragen werden, um die Gegend vor und unterhalb des letzteren besser zugänglich zu machen.

Vom hinteren Ende der so entstandenen Öffnung führt man jetzt eine Sonde hinter dem Thalamus bis zum Boden des Trigonum ventriculi hinab. Diese gebraucht man als Führung und macht zuerst einen reinen Frontalschnitt und dann einen schräg nach hinten lateralwärts gerichteten Schnitt und verbindet dieselben durch einen horizontalen etwa in der Höhe der mittleren Temporalwindung. Durch Wegnahme des losgetrennten keilförmigen Stückes erhält man freien Zutritt zum Trigonum mit dem Glomus chorioideum und zum Hinterhorn *(Taf. IX, Abb. 31)*.

Um das **Unterhorn** zu öffnen, muß zuerst das Operculum Rolandi abgetragen werden, zu welchem Zweck man von dem Ramus ant. ascend. der Fiss. Sylvii aus einen Frontalschnitt nach oben macht und dann, unter Kontrolle eines in den oberen Teil des Sulcus circularis Reili eingeführten Fingers, einen von oben gegen diese Furche gerichteten, sagittalen Schnitt legt (Textabb. 4, Schnitt IV). Das Operculum, ebenso wie die anderen losgetrennten Stücke, werden aufbewahrt, um später wieder aneinandergepaßt werden zu können. — Jetzt wird eine Sonde vom Trigonum ventriculi aus in das Unterhorn eingeführt und die Heschlsche Windung und die relativ dünne Wand, die den Ventrikel von dem unteren Abschnitt des Sulc. circularis trennt, nach und nach durchschnitten *(Taf. IX, Abb. 31)*; man bemühe sich den Schnitt möglichst weit lateral zu legen um den im Dache des Unterhorns liegenden Schwanz des Nucl. caudatus zu schonen (Schnitt V in Textabb. 4). Wenn der Schnitt das Limen insulae erreicht hat, hängt die hintere untere Partie der Hemisphäre nur mittels des vorderen Teils des Gyrus hippocampi mit dem Hirnstamm zusammen. Ehe diese Verbindung durchtrennt wird, muß die Anheftung des Plexus chorioideus an dem Fornix und der Fimbria gelöst werden, damit jener am Hirnstamm hängen bleibe, wenn der Schläfenlappen entfernt wird. Man beginnt am For. Monroi mit der Ablösung des Fornix, durchschneidet das Splenium mit dem Fornix an der Stelle, die auf *Taf. IX, Abb. 31* mit der gestrichelten Linie angegeben ist, und zieht die Hippocampusformation etwas von dem Hirnstamm ab, so daß man hinreichend Raum bekommt um die ganze Fimbria von dem Plexus abzulösen. Zuletzt wendet man sich zur Basalseite des Gehirns, dringt mit einem Messer in den Winkel zwischen der Substantia perforata anterior und dem Gyrus hippocampi ein und trennt diesen Gyrus in horizontaler Richtung vom Hirnstamm ab (Textabb. 4, Schnitt VI).

An der in dieser Weise losgemachten hinteren unteren Partie der Hemisphäre *(Taf. X, Abb. 33)* kann man die charakteristische Gestaltung des Unterhorns gut studieren. Meistens müssen noch Reste der oberen Wand des Unterhorns, durch welche die in den Nucl. amygdalae einstrahlenden Faserbündel der Stria terminalis verlaufen, entfernt werden, um den vordersten Teil des Cornu Ammonis mit seinen Digitationes übersichtlich zu machen. Den Nucl. amygdalae, der nur durch eine dünne

Markschicht von dem vorderen Ende des Unterhorns getrennt ist, suche man gegen die Umgebung abzugrenzen; nach vorne und lateralwärts wenigstens pflegt dies keine Schwierigkeiten zu bereiten. Dabei trifft man auch den quergeschnittenen Fasc. uncinatus, der sich leicht herausfasern läßt. Durch Aufheben des freien Randes der Fimbria oder durch Abtragung derselben kann man die Fascia dentata zur Anschauung bringen und sie bis zu ihrem Übergang in das GIACOMINIsche Band verfolgen (vgl. *Taf. XII*). — Im Hinterhorn besehe man den Calcar avis und den (nicht konstanten) Bulbus cornus posterioris und überzeuge sich davon, daß jener von der Fissura calcarina verursacht wird, während dieser von Bündeln des Forceps posterior, welche durch die tief einschneidende Fissura parieto-occipitalis nach außen gedrängt worden sind, gebildet wird.

Die obere Wand des Unterhorns, die vom Hirnstamm gebildet wird, studieren wir an dem anderen Teil des Präparates *(Taf. XI, Abb. 34)*. Man löst den Plexus chorioideus von seiner Anheftung längs der Stria terminalis und besichtigt die Stria und den lateral von ihr gelegenen dünnen Schwanz des Nucl. caudatus. Wenn jetzt die beiden letztgenannten Gebilde entfernt werden und der Tract. opticus von dem Pes pedunculi abgelöst wird, kann man bei umsichtiger Faserpräparation feststellen, daß die relativ dünne Markschicht, die die Unterlage des Linsenkerns bildet und den Kern von dem Unterhorn und weiter vorne von der Subst. perforata anterior trennt, aus verschiedenen Fasersystemen besteht, von welchen die unteren hauptsächlich dem sublenticulären Teil der Capsula interna angehören (TÜRCKs Bündel, Sehstrahlung), während die höher gelegenen überwiegend der Ansa lenticularis, der Commissura anterior und dem diagonalen Bande BROCAs entstammen. Ein Beispiel dafür, was man durch genaue Abfaserung in dieser Region erreichen kann, gibt das Bild auf *Taf. XII*.

Um einen Einblick in den **dritten Ventrikel** zu bekommen, wird der zurückgelassene Teil des Balkens durch einen der Mittellinie vom Splenium bis zum Genu genau folgenden Schnitt (Textabb. 4, Schnitt VII) von der anderen Balkenhälfte getrennt und (nach Durchschneidung des Fornix und der Anheftung des Septum pellucidum) ganz weggenommen. Die dünne Dachplatte des III. Ventrikels mit dem Plex. chor. med. ist nun sichtbar und wird median durchschnitten. Bei der jetzt folgenden Ablösung und Entfernung des Velum interpositum mit dem Plexus chorioideus beachte man seine festere Anheftung lateral an der Lamina affixa und medial an der Stria medullaris thalami. Man besichtigt das Innere des III. Ventrikels (Massa intermedia, Recessus triangularis zwischen Fornices und Commissura ant. und die Mündung des Aquaeductus SYLVII unterhalb der Commissura post.). Um dabei die Hirnhälften besser auseinanderbiegen zu können, kann man das Balkenknie durchschneiden. Schließlich suche man das Septum pellucidum in seine beiden Lamellen zu spalten *(Taf. X, Abb. 32)*.

B. Hirnstamm.

Nachdem man Corpus pineale und Mesencephalon von dem umgebenden Meningealgewebe und den Gefäßen befreit hat, inspektiert man die äußere Formgestaltung und Topographie dieser Region des Gehirns. Das Corpus pineale wird mit einem scharfen Messer oder einer Schere in der Mittellinie gespalten. Ehe man zur Eröffnung des Aquaeductus SYLVII und des IV. Ventrikels schreitet, löst man vorsichtig die Unterseite des Kleinhirns von der Tela chorioidea ventr. IV. und schiebt einen kleinen Kartonstreifen in den Zwischenraum bis zur Höhe des Recessus lateralis ein, um die Tela bei der Spaltung des Kleinhirns zu schützen. Nun führt man eine Sonde vom dritten Ventrikel aus in den Aquädukt ein und durchtrennt die Commissura post., die Lamina quadrigemina und den Vermis cerebelli mit einem scharfen Messer genau in der Mittellinie *(Taf. X, Abb. 32)*.

Die beiden Hälften des Kleinhirns können jetzt so weit auseinander gezogen werden, daß man die Tela chorioidea ventr. IV in ihrer natürlichen Lage überblicken kann; man sondiere das Foramen MAGENDI, durchtrenne mit einer feinen Schere die Tela in der Mittellinie, lege die Lappen seitwärts um und besichtige die jetzt offenliegende Fossa rhomboidea.

Ehe man die beiden Hälften des Gehirns von einander vollständig löst, tut man gut sich über die Lage der **Bindearmkreuzung** näher zu orientieren. Zu diesem Zweck werden zuerst Lamina terminalis, Chiasma opticum und der Boden des dritten Ventrikels bis zur Substantia perforata posterior median durchschnitten, damit man die beiden Hirnhälften soweit auseinander ziehen kann, daß das Gewebe im Tegmentum mesencephali quer gespannt wird. Mit einem schmalen Spatel oder einer Ahle dringt man in die Spalte zwischen den Vierhügeln ein und schabt das relativ weiche und brüchige Gewebe ventral vom Aquädukt vorsichtig weg, bis man zu einer festeren und etwas helleren Schicht kommt, die sich ziemlich leicht in Form eines etwa 8 mm breiten Bündels, das dorsal vom oberen Ponsrand die Haube quer durchkreuzt, abgrenzen läßt. Nachdem man dieses Bündel von seiner Umgebung hinreichend isoliert hat, um es später auf dem Medianschnitte wiederfinden zu können, durchschneidet man es und spaltet auch die Brücke und das verlängerte Mark genau in der Mittellinie.

In der abgetrennten Hälfte des Hirnstammes sollen nun die Verbindungen zwischen Nucl. dentatus, Nucl. ruber und Corpus striatum in ihrem ganzen Zusammenhang präpariert werden. An dem Kleinhirn wird zunächst die weiche Hirnhaut entfernt; die Furchen und Loben werden identifiziert. Dann wird die Hemisphäre in der oben (S. 25) beschriebenen Weise von der Fissura horizontalis aus bis zur Einstrahlung des Ponsarms horizontal gespaltet; man durchschneidet diejenigen Brückenbündel, die zur oberen Hälfte gehen, und entfernt die letztere.

Es bedarf jetzt nur noch geringer Säuberungsarbeit um den Nucl. dentatus und das Brachium conjunctivum bis zum Trigonum lemnisci klarzulegen.

Um den Bindearm weiter verfolgen zu können, muß zuerst der Lemniscus lateralis, die Lamina quadrigemina und der Thalamus abgetragen werden. Man hebt diese Gebilde zunächst mit dem Spatel vom Tegmentum mesencephali und thalami etwas ab (vgl. S. 18), durchschneidet dann mit dem Messer die laterale Schleife längs des Sulcus lateralis mesencephali, weiter die beiden Corpora geniculata und zuletzt die Faserbündel, die vom vorderen Teil des Thalamus in die Ansa peduncularis übergehen, wonach man den ganzen Thalamus (mit anhängender Lam. quadrig.) von der Capsula interna losbricht *(Taf. XI, Abb. 35)*. Jetzt sucht man das früher durchschnittene, quer kreuzende Bündel wieder auf, fasert das umgebende weichere Gewebe vorsichtig ab und überzeugt sich, daß Fasern aus dem transversalen Bündel sowohl nach unten in den Bindearm als auch nach oben in das den Nucl. ruber umgebende Mark übergehen. Man kann aber auch feststellen, daß ein Teil der Bindearmsfasern, und zwar die am medialen oberen Rand liegenden, an der Kreuzung nicht teilnehmen, sondern in die Markkapsel des homolateralen Nucl. ruber einstrahlen. Aus der relativ großen Stärke des kreuzenden Bündels läßt sich übrigens schließen, daß es auch andere Fasern als die zu den Bindearmen gehörenden umfaßt.

In dem Tegmentum thalami (Hypothalamus) lassen sich die relativ feste Markkapsel um den Nucl. ruber und ihre Fortsetzungen in die Ansae peduncularis und lenticularis durch vorsichtiger Abschälung der umgebenden loseren Schichten ohne größere Schwierigkeit freilegen *(Taf. XI, Abb. 35)* [1]. Zwischen dem Nucleus ruber und dem Pes pedunculi sieht man die Substantia nigra Sömmeringi. Will man das rubrale System ganz lostrennen, so dringt man an dieser Stelle mit dem Spatel ein, durchschneidet die Ansa peduncularis und reißt die Ansa lenticularis von der Capsula interna los. Übrigens verweise ich auf *Taf. XIII* und *Taf. XV, Abb. 43* und *44*.

An dem vorliegenden Präparate sind noch einige Partien unberührt geblieben und können zu weiteren Studien ausgenutzt werden. — Man kann durch diese Teile Schnitte in beliebigen Richtungen legen oder auch gewisse im Kap. II beschriebene Präparationen wiederholen. So können z.B. die Kleinhirnschenkel voneinander lospräpariert werden; und wenn man den Nucl. caudatus abträgt und den Nucl. lenticularis von der lateralen Seite aus seinem Bette herausgräbt, tritt die charakteristische Form der Capsula interna sehr klar hervor. — Lediglich durch Zerbrechen oder Zerreißen eines Gehirnstückes kann man auch an weniger gut konserviertem Material bisweilen überraschend schöne und lehrreiche Faserungsbilder erhalten.

---

[1] Wenn man gutes Material hat und mit gebührender Umsicht arbeitet, gelingt es oft den Fasc. retroflexus (Meynert) und bisweilen auch den Fasc. mamillotegmentalis aufzufinden und zu präparieren.

Photographische Abbildungen von Zerfaserungspräparaten.

Sämtliche Bilder der Taf. I—V beziehen sich auf eine rechte Großhirnhälfte, die nach der in Kap. II beschriebenen Methode präpariert und dabei wiederholt photographiert wurde. — Die Präparation des Rautenhirnteils desselben Gehirns wird durch die Bilder 22—29 der Taf. VII und VIII illustriert.

Die Bilder 13—21 (Taf. VI und VII) stammen von einer anderen, rechten Hemisphäre, welche nach der auf S. 20—21 geschilderten Weise präpariert wurde.

Die Tafeln IX—XI zeigen die verschiedenen Etappen der Untersuchung der Ventrikel, sowie die übersichtliche Präparation des extrapyramidalen Systems, wie es in Kap. III beschrieben ist.

Auf den letzten vier Tafeln (XII—XV) sind schließlich einige mittels Zerfaserung verfertigte Übersichtspräparate aus den anatomischen Sammlungen in Uppsala abgebildet.

Sofern nicht anderes direkt angegeben wird, sind die Präparate in $^3/_4$ der natürlichen Größe abgebildet.

Abkürzungen.

I—XII	Nerv. olfactor. — hypoglossus
I *tr*	Tract. olfactor.
II *ch*	Chiasma opticum
II *tr*	Tractus opticus
V *de*	Radix descend. V.
VIII *d*	Rad. dorsal. VIII.
VIII *v*	Rad. ventr. VIII.
Alv	Alveus
An le	Ansa lenticularis
An pe	Ansa peduncularis
An pe (r)	— pars rubralis
An pe (t)	— pars thalam.
Aq S	Aquaeduct. Sylvii
Art ls	Arteria lenticulo-striata
Br co	Brachium conjunct.
Br co (x)	Decussatio brach. conjunct.
Br q i	Brach. quadrigem. inferius
C a	Cornu ant. ventr. lat.
C am	Cornu ammonis
Ca e	Capsula externa
Ca i	— interna
Ca i (a)	— — crus anterius
Ca i (g)	— — genu
Ca i (p)	— — crus poster.
Ca i (rl)	— — pars retrolenticularis
Ca i (sl)	— — pars sublent.
Co c	Corpus callosum
Co c (g)	— — genu
Co c (sp)	— — splenium
Co ge l	Corp. geniculat. laterale
Co ge m	Corp. genic. med.
Co ma	Corpus mamillare
Com an	Commissura anter.
Co pi	Corpus pineale
Co re	Corpus restiforme
Co st L	Corpus subthalamicum (Luys)

Cu	Culmen cbli
De	Declive cbli
Dia B	Brocas diagonale Band
F de	Fascia dentata
Fa ar	Fascic. arcuatus
Fa ci	Fascic. cinguli
Fa l i	Fascic. longitud. inferior
Fa of i	Fascic. occipitofrontalis infer.
Fa rf M	Fascic. retroflex. (Meynert)
Fa sc	Fascic. subcallos.
Fa u	Fascic. uncinatus
Fi	Fimbria
Fl	Flocculus
Fl (pe)	Pedunculus flocc.
Fo	Fornix
Fo (c)	Crus fornicis
Fol v	Folium vermis
For M	Foramen Monroi
Forc a	Forceps anterior
Forc p	Forc. posterior
Fov i l	Fovea isthmi lateralis
Gy He	Heschls Windung
Gy hi	Gyrus hippocampi
Gy sc	Gyrus subcallosus
Ins	Insula (Reili)
Ins (l)	Limen Insulae
La q	Lamina quadrigem.
La q (ci)	Colliculus infer.
La q (cs)	Colliculus super.
Le l	Lemniscus lateral.
Le m	Lemniscus medial.
Li Gia	Limbus Giacomini
Ling	Lingula cerebelli
Lo bi	Lobulus biventer
Lo c	Lob. centralis
Lo c (a)	Ala lob. centr.
Lo gr	Lob. gracilis
Lo q a	Lob. quadrangul. anterior
Lo q p	Lob. quadrangul. posterior.
Lo sl i	Lob. semilunaris inferior
Lo sl s	Lob. semilunaris superior
Ma i	Massa intermedia
Me ob	Medulla oblongata
N am	Nucleus amygdalae
N ca	Nucleus caudatus
N ca (co)	Colliculus nucl. caudati
N de	Nucl. dentatus
N de (ca)	Capsula n. dentati (Vliess)
N de (hi)	Hilus n. dentati
N le	Nucl. lenticular.
N le (gp)	Globus pallidus
N le (lm)	Lamina medullaris nucl. lentic.
N le (pu)	Putamen
N ru	Nucleus ruber
N ru (ca)	Capsula n. rubri
No	Nodulus cbli
Ol i	Oliva inferior
Pe	Pes pedunculi
Pe le	Peslemniscus (Tr. cortico-bulbar.)
Pfl	Paraflocculus
Pl ch	Plexus chorioideus
Po	Pons
Po (br)	Brachium pontis
Po (f pr)	Fasciculus profundus pontis
Po (s c)	Stratum complexum pontis
Po (s p)	Strat. prof. pontis
Po (s s)	Strat. superf. p.
Py	Pyramide
Py (x)	Decussatio pyram.
Py cbl	Pyramis cerebelli
Ra op	Radiatio optica
Se p	Septum pellucidum
Se p (ca)	Cavum septi pell.
Str t	Stria terminalis
Str m th	Stria medullaris thalami
Su n S	Substantia nigra Sömmeringi
Su pf a	Subst. perforata anterior
Ta	Tapetum
Tae ch	Taenia chorioidea
Te	Tegmentum
Th	Thalamus
Th (p)	Pulvinar thalami
Th (rad)	Radiatio thalami (Thalamusstiele)
To	Tonsilla cbli
Tr tp	Tractus temporopontinus (Türcks B.)
Tr c h	Tract. corticohabenularis
Tr co	Trigonum collaterale
Tr h	Trigonum habenulae
Tr le	Trigon. lemnisci
Tu	Tuber vermis
Uv	Uvula cerebelli
Uv (a)	Ala uvulae
Vd' A	Vicq d'Azyrsches Bündel
Ve in	Velum interpositum
Ve m i	Velum medullare inferius
Ve m s	Velum med. super.
Ven t	Vena terminalis
Verm	Vermis cbli

Tafel I.

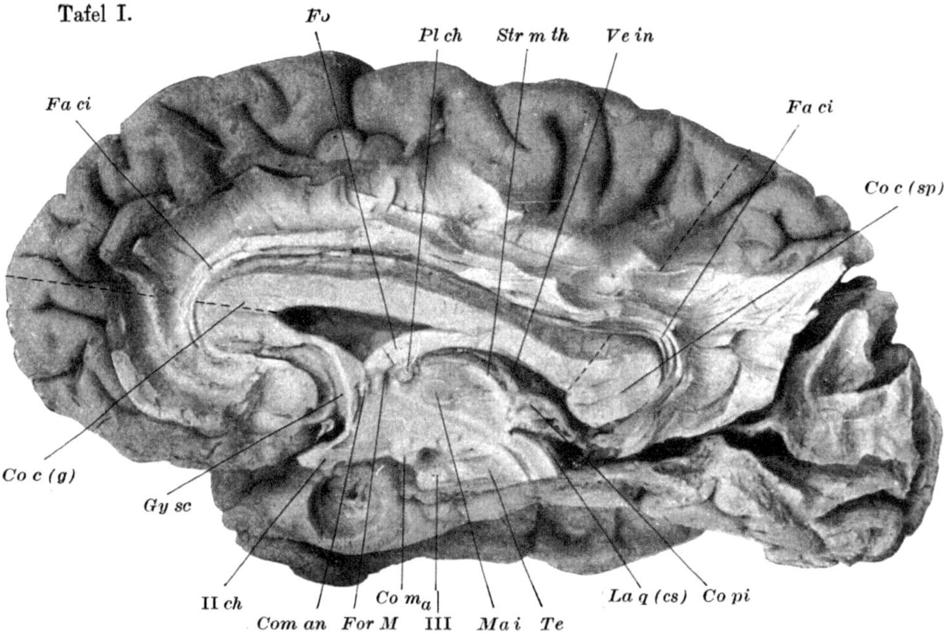

Abb. 1. Das Präparat stammt von einem Gehirn mit sehr kleiner Commissura anterior, plump gebautem Splenium corp. call. und cystös degeneriertem Corpus pineale. Der Occipitallappen ist entrindet und der Gyrus cinguli zwecks Freilegung des Fasc. cinguli entfernt worden. Dieser Faszikel ist lospräpariert, aber wieder an seinen Platz gelegt; Septum pellucidum weggenommen, Fornix durchschnitten. (Die gestrichelten Linien zeigen die S. 15 angegebenen Schnittrichtungen an.)

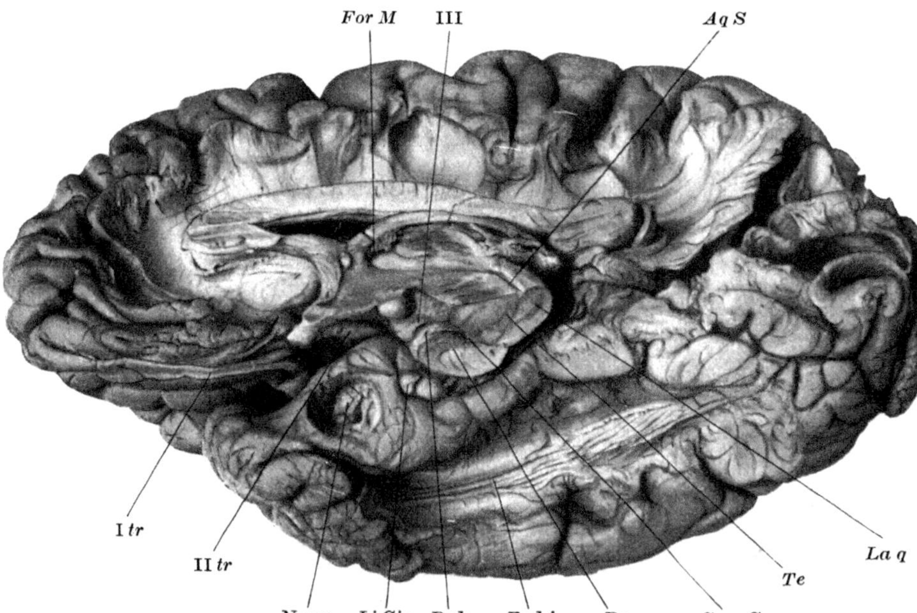

Abb. 2. Dasselbe Präparat wie Abb. 1, doch schräg von unten gesehen. Gyrus fusiformis ist weggeräumt und Fasc. longitudinalis inf. herausgefasert. Am vorderen Ende des Gyrus Hippocampi ist der Nucleus amygdalae bloßgelegt; unmittelbar hinter demselben ist eine kleine Öffnung zum Unterhorn entstanden. An dem Querschnitt durch das Mesencephalon sieht man den Peslemniscus in das Tegmentum einstrahlen.

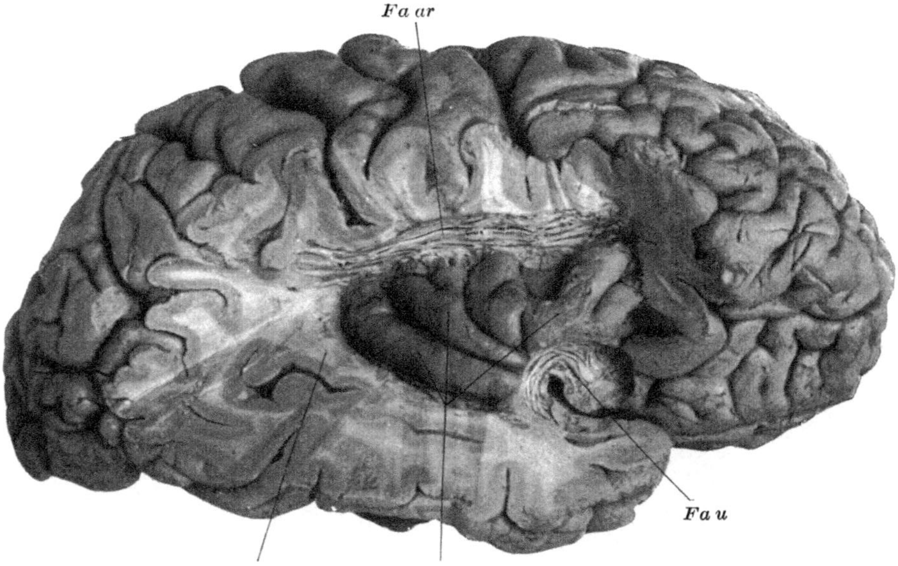

Abb. 3. An der Außenseite derselben Hemisphäre ist die Insula durch Wegschneiden der drei Opercula freigelegt worden. Am oberen Rande der Insel ist der Fasc. arcuatus und unten am Limen insulae der Fasc. uncinatus hervorpräpariert.

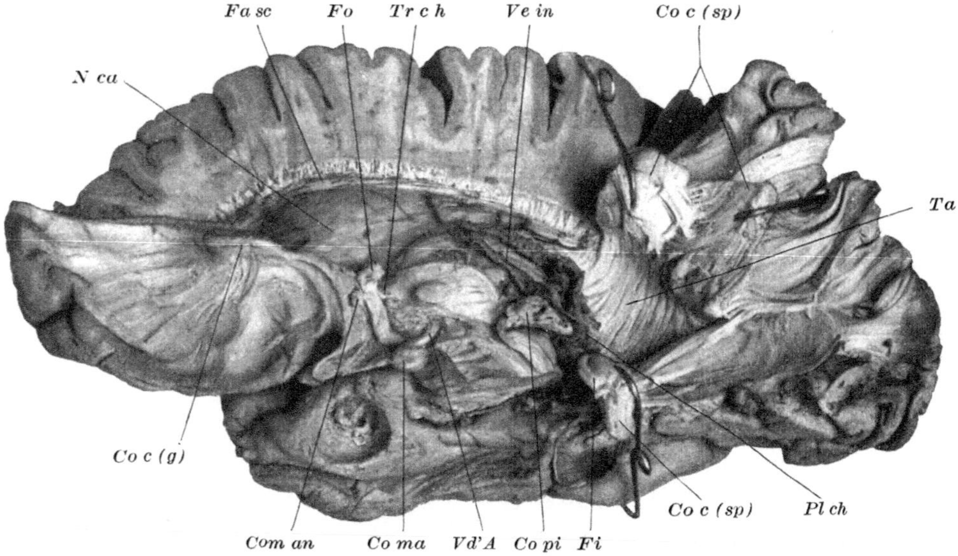

Abb. 4. Durch Wegschneiden des größeren Teils des Corpus callosum ist der Nucl. caudatus und das auf dem Thalamus liegende Velum interpositum mit dem Plex. chorioideus freigelegt. Der Fasc. subcallosus ist präpariert. Das Splenium mit seiner Strahlung wurde vom Hinterhorn aus stumpf gespalten (vgl. Abb. 5); der untere „umgeklappte" Teil des Splenium ist durch einen Haken nach unten und der obere, größere Teil durch zwei Haken nach oben gehalten. An der lateralen Wand des derart weit geöffneten Ventrikels ist das Tapetum von der deckenden Ependymschicht befreit. An der Seitenwand des dritten Ventrikels ist die Substantia grisea centralis soweit weggeräumt, daß man Crus fornicis und VICQ D'AZYRs Bündel sieht.

Tafel III.

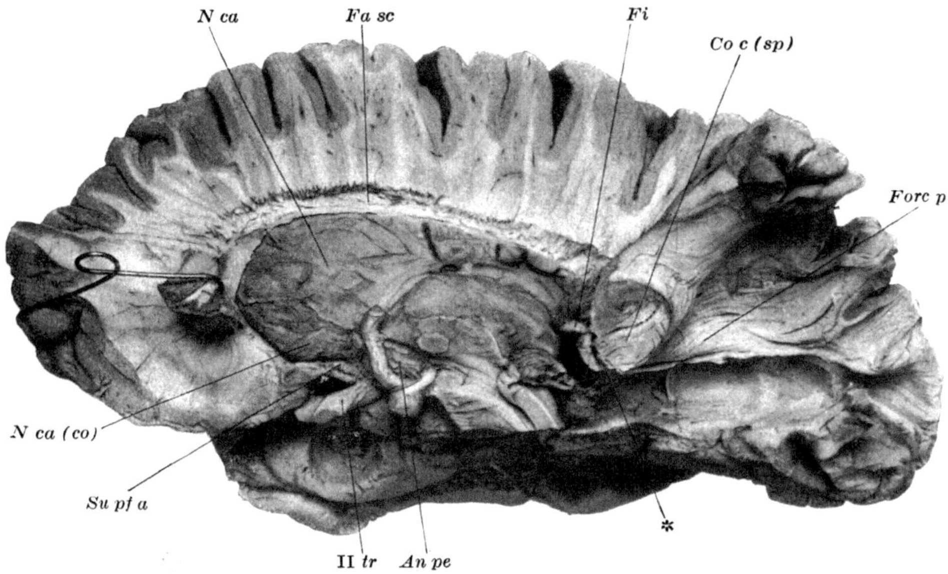

Abb. 5. Genu corp. call. nach vorne gezogen. Das Mark der Area parolfactoria, der Gyrus subcallosus und die Lamina terminalis wurden bis zu ihrer Umbiegung in die Substantia perforata ant. unter dem Caudatuskopfe entfernt. Der Nucl. caudatus ist lospräpariert, aber wieder auf seinen Platz gelegt; Velum interpositum mit dem Plex. chor. wurden entfernt. Die getrennten Spleniumteile sind wieder zusammengelegt; der Riß ist aber sichtbar (*).

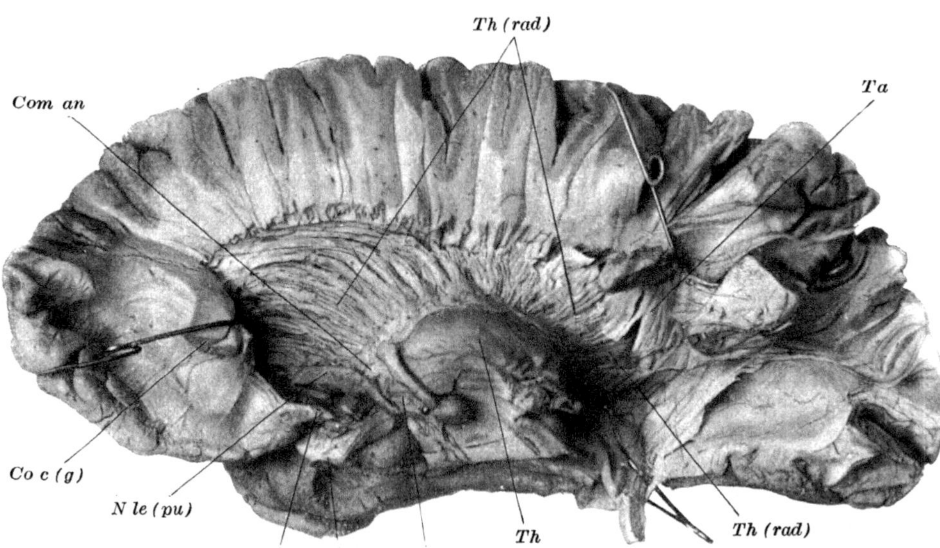

Abb. 6. Der Nucl. caudatus ist von der Capsula interna abgehoben und vorne unten von dem Zusammenhang mit dem Putamen losgeschnitten. Columna fornicis ist mit dem Corpus mamillare nach hinten geschlagen, um die Ansa peduncularis sichtbar zu machen; die letztere ist durchschnitten. Splenium wie in Abb. 4. Das Tapetum ist durchschnitten und vom hinteren Thalamusstiel abgelöst.

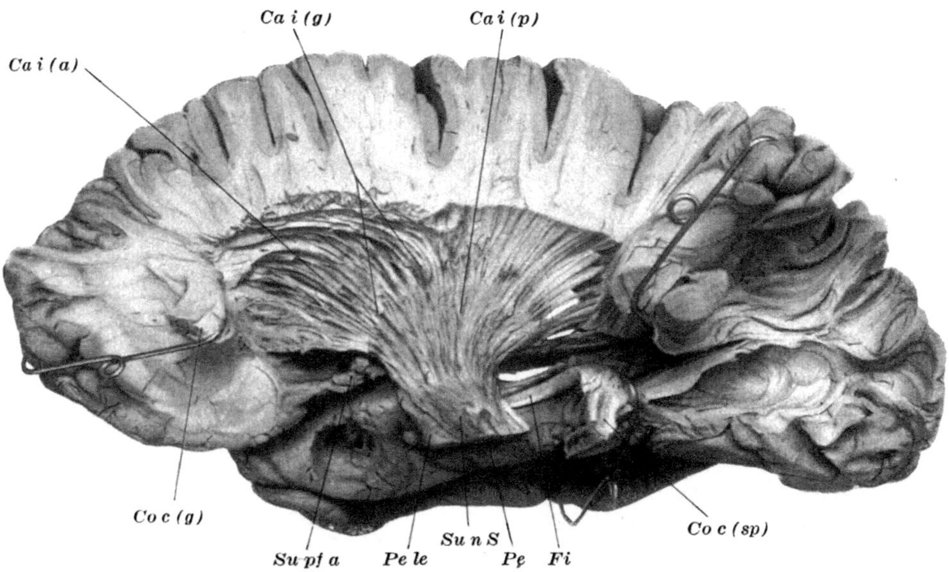

Abb. 7. Durch die Entfernung des Thalamus mit der anhängenden Partie des Mesencephalons und dem größten Teile der Thalamusstrahlung zur Rinde ist die nach unten in den Pes pedunculi übergehende Capsula interna s. s. bloßgelegt worden; an derselben bemerkt man einen bogenförmigen, dem Genu der Kapsel entsprechenden Kamm oder First, der aber viel weniger markiert ist als in Abb. 13 und 18. Auf dem Pes liegt die Substantia nigra Sömmeringi. Das Durchschimmern des Lichtes durch den hinteren Teil der Caps. int. hat seinen Grund darin, daß die Insel und der Nucl. lenticularis an diesem Präparat schon entfernt worden sind.

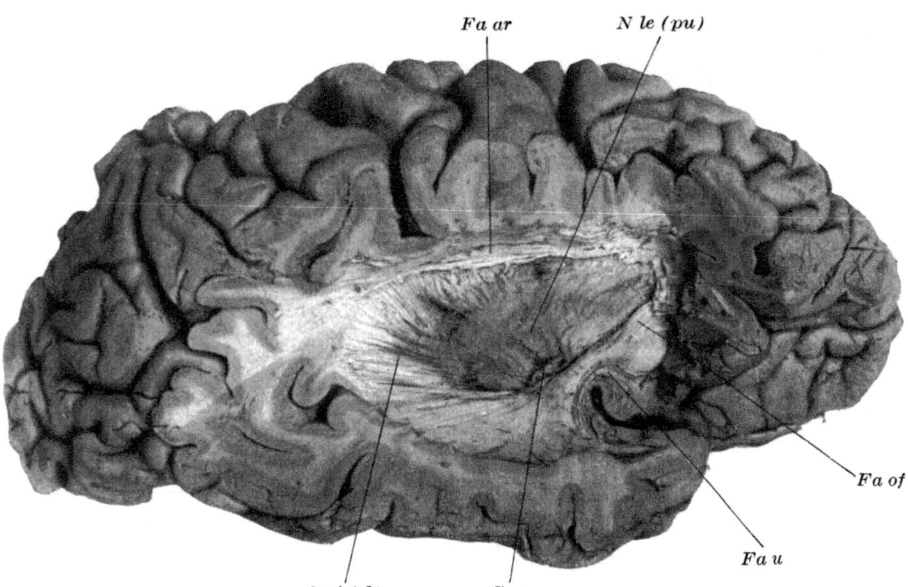

Abb. 8. An der lateralen Seite des Präparates ist die Insula abgetragen und die Capsula externa von dem Nucl. lenticularis abgeschält. Man sieht Vasa lenticulo-striata und die unter dem Kern hervortauchenden Bündel der Caps. ext. Zwischen diesen und dem Fasc. uncinatus verläuft der untere Teil des Fasc. occ.-front. infer. (CURRAN).

Tafel V.

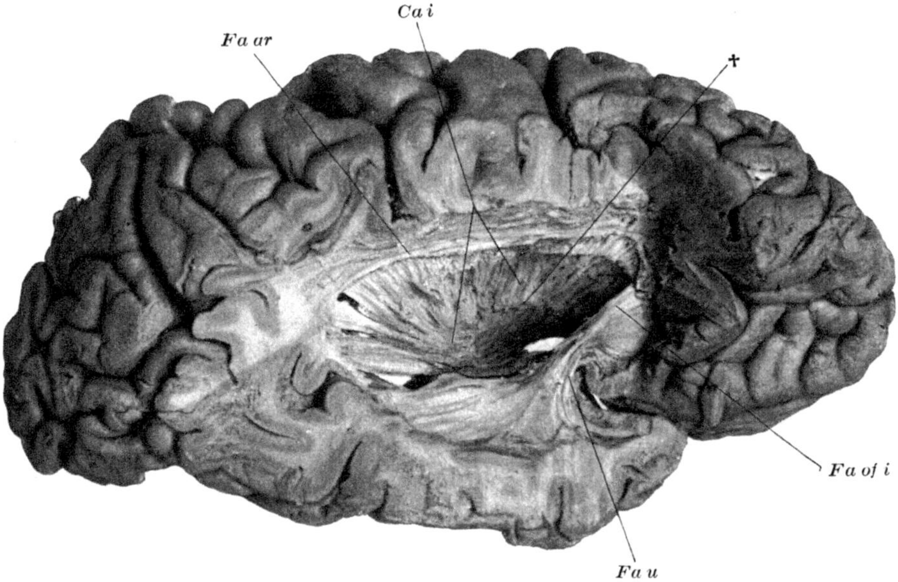

Abb. 9. Auch der Linsenkern ist aus seinem trichterförmigen Bette bis auf kleine, an der äußeren (unteren) Fläche der Caps. int. noch hängende Reste entfernt worden. Man kann hier die Grenze zwischen Putamen und Globus pallidus deutlich unterscheiden (†).

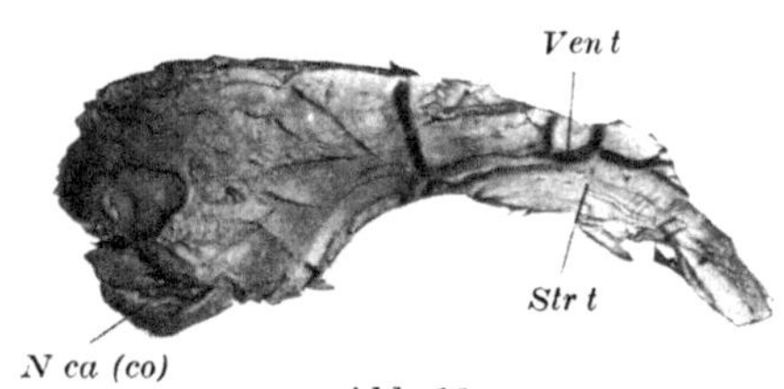

Abb. 10.

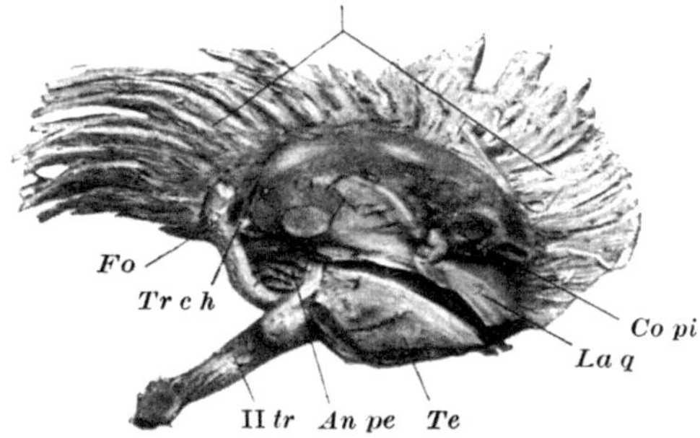

Abb. 11.

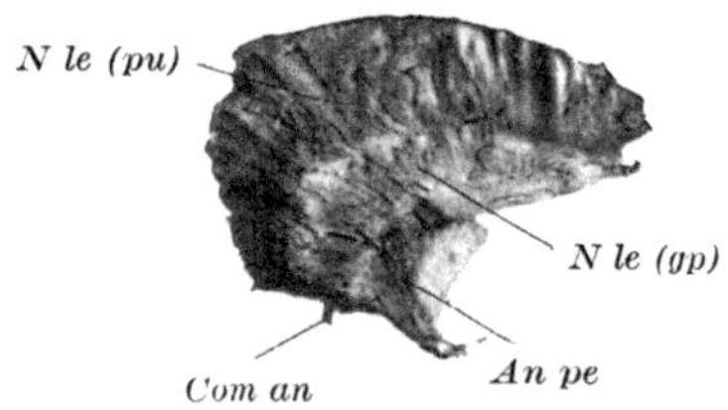

Abb. 12.

Abb. 10—12. Die lospräparierten Großhirnganglien von der oberen medialen Seite gesehen.

Abb. 10. Nucl. caudatus und ein Teil der Stria terminalis. Der größte Teil des Schwanzes ist belassen worden; die unterste Partie des Kopfes (Colliculus n. caud.) ist etwas beschädigt.

Abb. 11. Thalamus opticus mit seiner Radiatio und dem oberen Teil des Mesencephalon. Durch stumpfe Spaltung sind Tectum und eigentlicher Thalamus von dem Tegmentum (mesencephali und thalami) getrennt. Von beiden geht die Ansa peduncularis aus. Bemerke den vom Fornix ausgehenden Tract. cortico-habenularis.

Abb. 12. Nucleus lenticularis mit der Commissura anterior und dem zum Globus pallidus gehenden Teil der Ansa peduncularis.

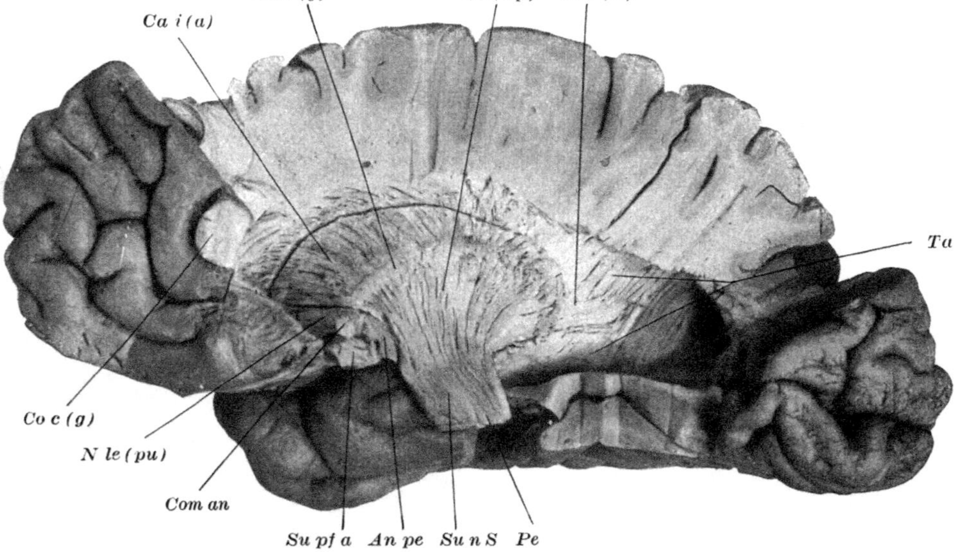

Abb. 13. Das vorliegende Präparat, das dem in Abb. 7 abgebildeten ziemlich entspricht, stammt von einem anderen Gehirn, das sich durch eine starke vordere Commissur und hydrocephalische Erweiterung der Seitenventrikel auszeichnet. Bei der Entfernung des Thalamus sind seine in die Caps. int. und Corona radiata einstrahlenden Stiele belassen worden. Die lospräparierte, aber wieder in ihre natürliche Lage gebrachte Capsula interna zeigt hier sehr deutlich einen die Richtung der Capsulabündel kreuzenden First, welcher das Genu caps. int. an Horizontalschnitten bedingt. Vorne unten sieht man die Querschnitte der Ansa ped., der Commissura ant., der Subst. perf. ant. und der Brücke, die den Caudatuskopf mit dem Putamen verbindet. Tapetum wie in Abb. 6 präpariert.

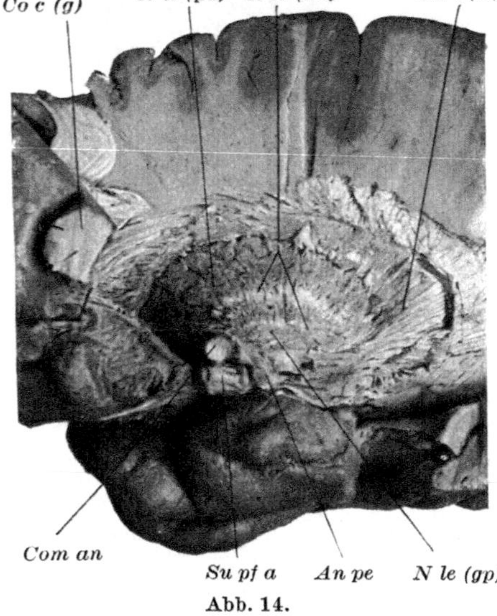

Abb. 14.

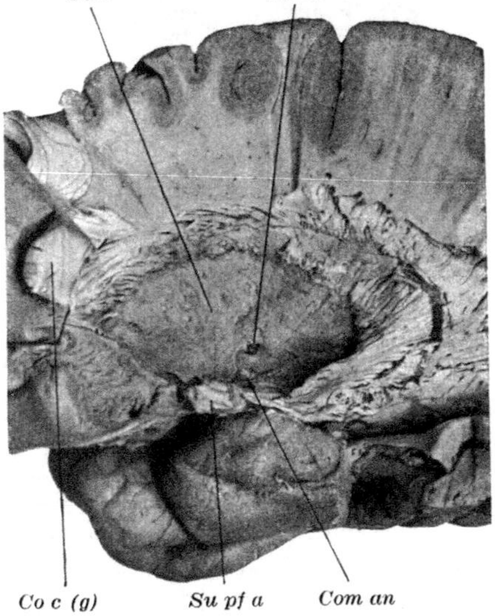

Abb. 15.

Abb. 14. Capsula interna abgehoben und die innere obere Seite des Nucl. lenticularis bloßgelegt. Man sieht die Laminae medullares und die zu dem Globus pallidus gehende Ansa ped.

Abb. 15. Der Nucl. lenticularis ist aus seinem Bette herausgeholt. Am Boden bemerkt man die abgetrennte Fortsetzung der Commissura anterior; durch die Außenwand (Capsula externa) dringt ein Ast der Art. lenticulostriata ein.

Tafel VII.

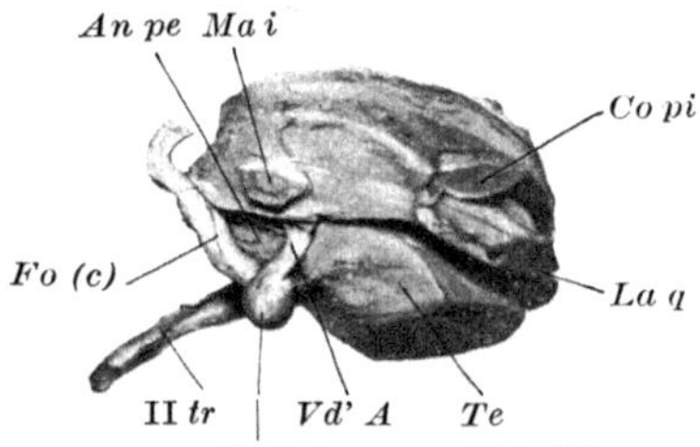

Abb. 16.

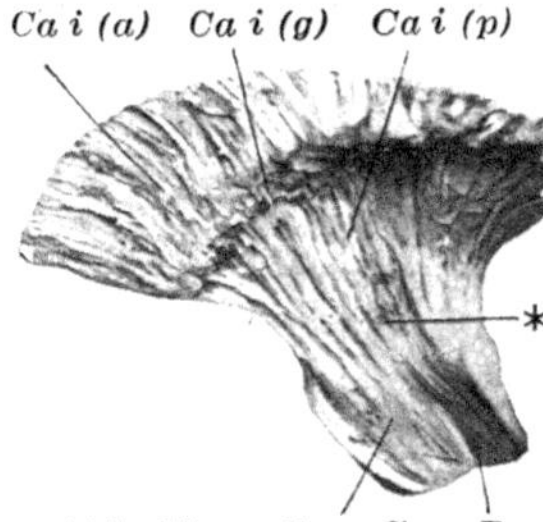

Abb. 18.

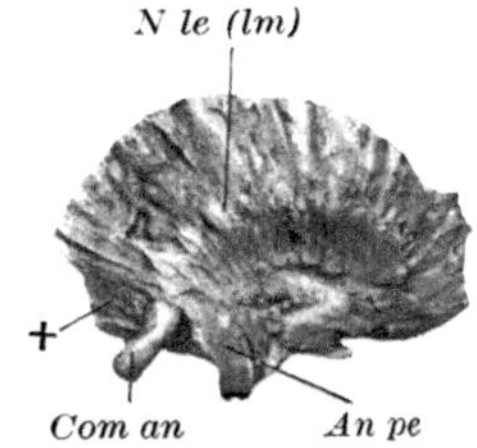

Abb. 20.

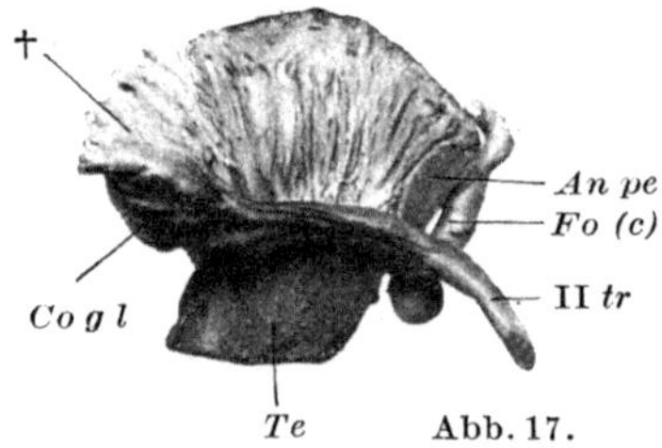

Abb. 17.

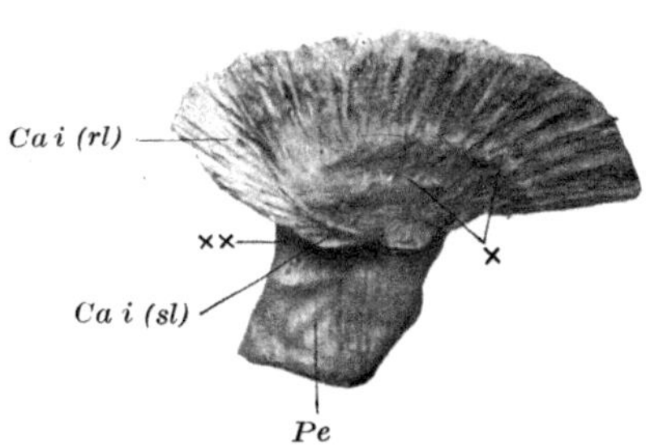

Abb. 19.

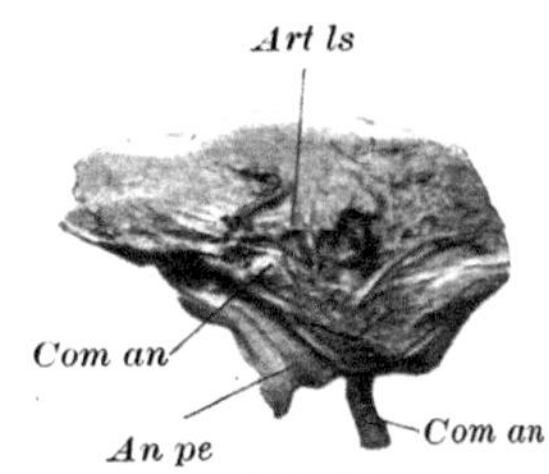

Abb. 21.

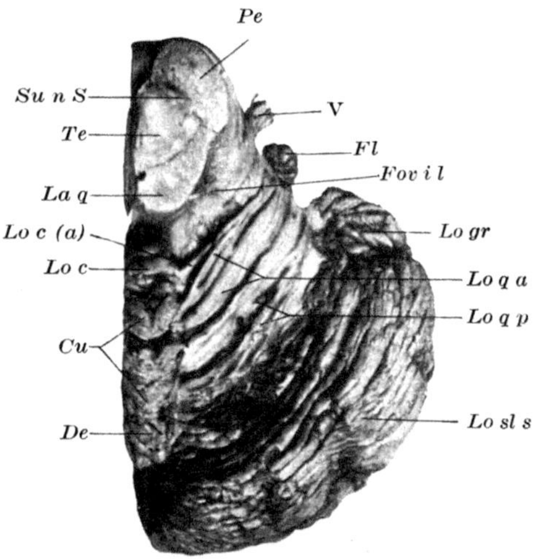

Abb. 22.

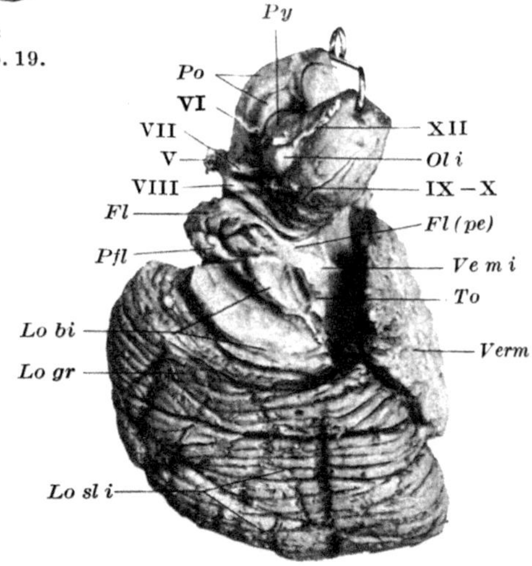

Abb. 23.

Abb. 16 und 17. Der von dem letztbeschriebenen Präparat losgetrennte Thalamus opticus von der medialen und der lateral unteren Seite gesehen. Von den Thalamusstielen finden sich hier nur Reste des hinteren (Abb. 17 [†]). Vorne an demselben Bilde sieht man den Querschnitt der Ansa peduncularis.

Abb. 18 und 19. Capsula interna desselben Gehirns von medial oben und lateral unten. In dem ersten Bilde fällt der eben erwähnte Kniefirst stark auf. Am Pes sieht man Reste der Subst. nigra und etwas weiter nach oben eine kleine Einsenkung (*) für das Corpus subthalamium (Luys). Durch die in dieser Gegend deutlichen Spalten zwischen den Capsulabündeln treten Fasern der Ansa lenticularis durch, wovon man sich bei vorsichtiger Präparation überzeugen kann. An der Unterseite (Abb. 19) zeigt sich die Lage der Laminae medullares des Linsenkerns (×). Man bemerke auch den sublentikulären Teil der Capsula interna und unterhalb desselben die breite Furche (××) für das Corpus geniculatum laterale und den Tractus opticus.

Abb. 20 und 21. Der zu demselben Gehirn gehörende Nucl. lenticularis von der medialen oberen und von der unteren Seite gesehen. Am ersteren Bilde sieht man die Schnittfläche gegen den Nucl. caudatus (+). An beiden Bildern treten die Ansa peduncularis und die Commissura anterior hervor. An der Unterseite (Abb. 21) kann man auch den abgeschnittenen, nach hinten ziehenden Schenkel der Commissura ant. und die Art. lenticulostriata sehen.

Abb. 22. Rechte Hälfte des Rautenhirns von oben gesehen. An dem Präparate sind die Lob. quadrangulares und Ala lob. centr. abgetragen; nur die Wurzeln ihrer Markleisten sind zurückgelassen.

Abb. 23. Dasselbe Präparat von unten. Die Medulla oblongata ist durch einen Haken ventral gebogen. Hier sind Lob. biventer und Tonsilla bis auf ihre Wurzeln abgetragen. Man sieht den leeren Nidus avis, durch das Velum medull. inf. vom Recessus fastigii getrennt.

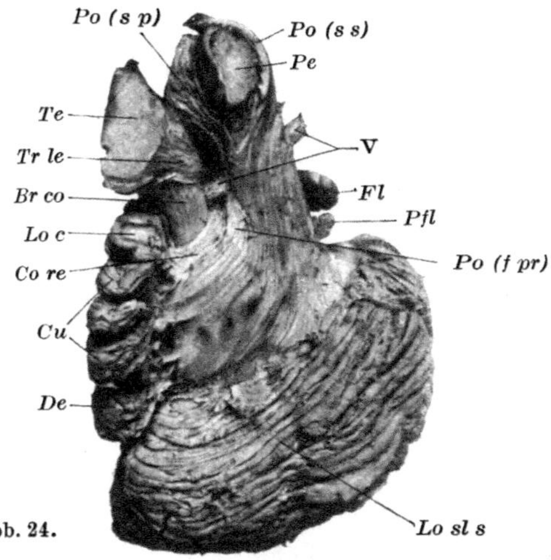

Abb. 24.

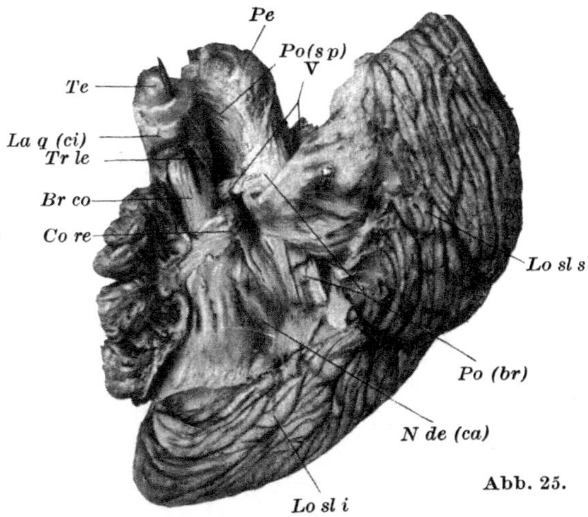

Abb. 25.

Abb. 24. An demselben Präparate ist jetzt die oberflächliche Schicht des Markkörpers abgetragen, um die Einstrahlung der drei Kleinhirnschenkel zu zeigen. Bemerke wie sich das Corpus restiforme über den Bindearm legt und wie lateral von ihm ein tiefes Bündel vom Ponsarm auftaucht, um ebenfalls medialwärts auszustrahlen. Das Tegmentum ist von Pes und Pons abgehoben. In der Spalte, entsprechend der Fovea isthmi lateralis sieht man den Durchtritt des N. trigeminus.

Abb. 25. Lob. semilunaris sup. und inf. sind auseinandergerissen, wodurch der Markkörper dicht über dem Nucleus dentatus gespalten wurde. Die obere Hälfte, in welche das tiefe Ponsbündel hauptsächlich einstrahlt, ist nach außen umgeklappt, damit der in sein Vließ noch eingehüllte Nucl. dentat. und die Einstrahlung des Corp. restif. sichtbar werden. Die laterale Schleife ist vom Bindearm abgelöst; ein Igelstachel ist zwischen sie eingeführt.

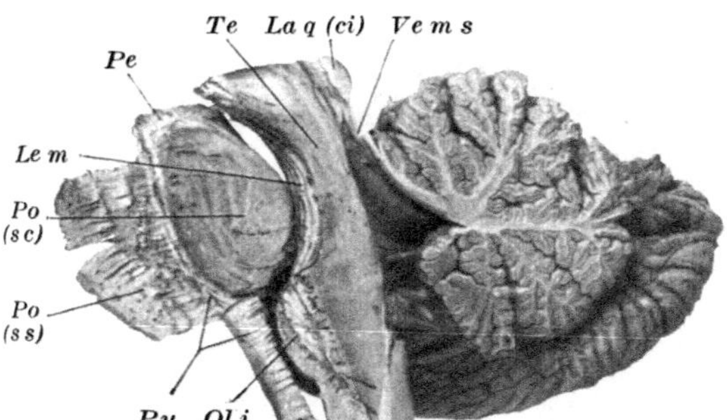

Abb. 26.

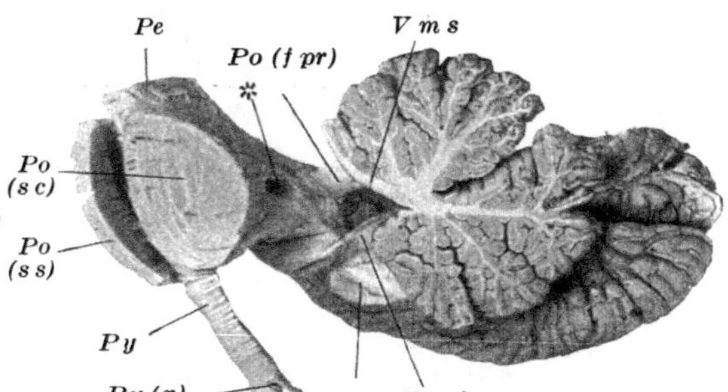

Abb. 27.

Abb. 26. Dasselbe Präparat von der medialen Seite. Pes, Pons und Pyramide sind von Tegmentum und Medulla oblongata getrennt worden. Durch Abheben des Stratum superfic. pontis sind die durch die Brücke verlaufenden Pyramidenbündel freigelegt. Bemerke die kreuzenden Bündel am unteren Ende der Pyramide.

Abb. 27. Der Kleinhirn-Brückenteil des vorigen Präparates. An der Innenseite des Ponsarmes sieht man den Schlitz für den Durchtritt der Trigeminuswurzel (*).

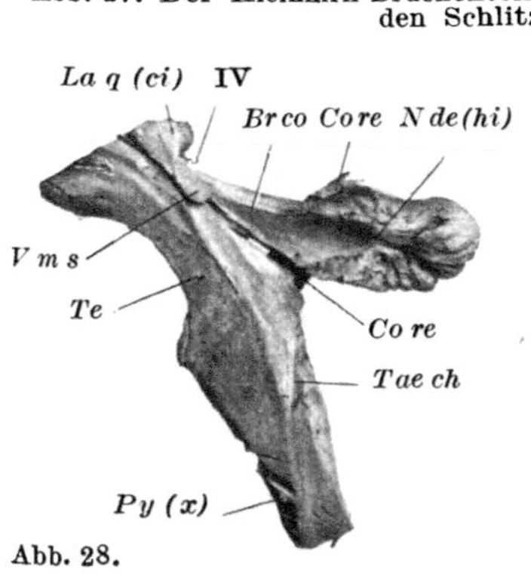

Abb. 28.

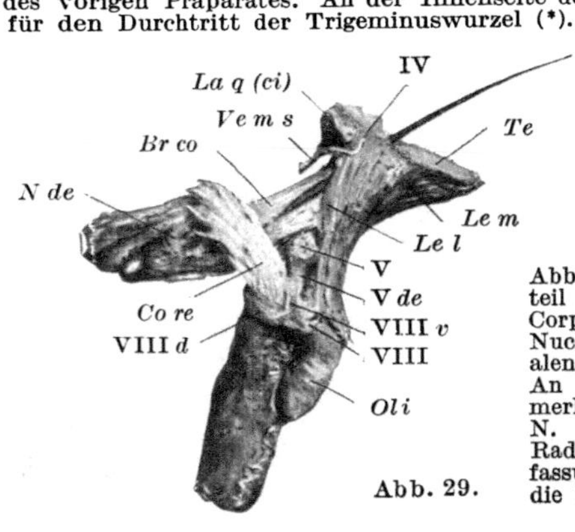

Abb. 29.

Abb. 28 u. 29. Der Haubenteil desselben Präparates mit Corp. restif., Bindearm und Nucl. dentat. von der medialen und der lateralen Seite. An dem letzteren Bilde bemerke man den Eintritt des N. trigeminus mit seiner Radix descendens und die Umfassung des Corp. restif. durch die beiden Acusticuswurzeln.

Tafel IX.

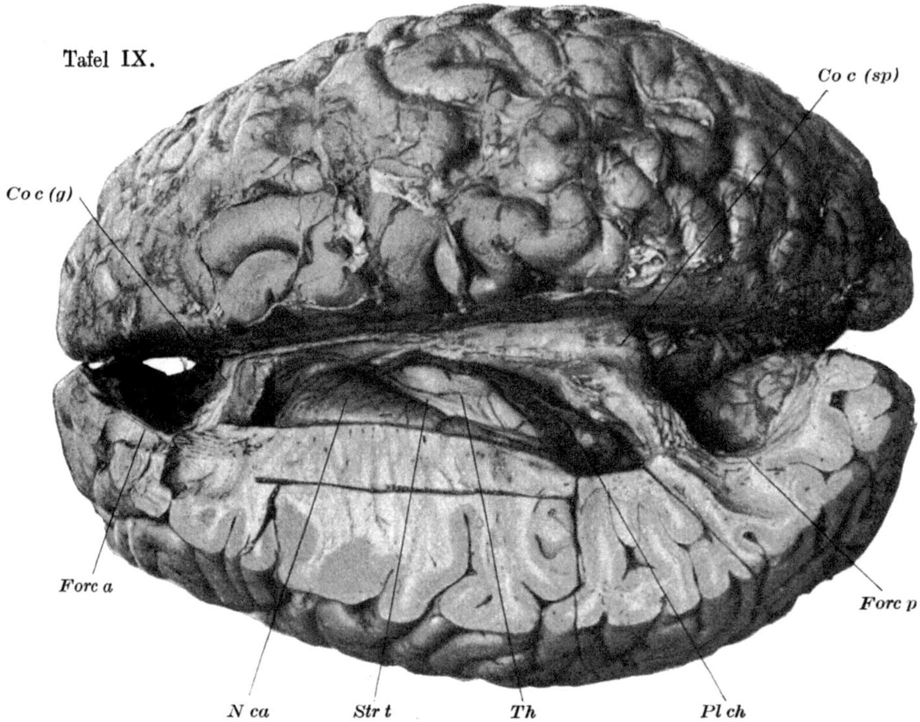

Abb. 30. An diesem Gehirne ist der obere Teil der linken Hemisphäre abgetragen. Durch Wegnahme eines großen Teils des Balkenkörpers ist der Seitenventrikel weit geöffnet. Der Plexus chorioideus verdeckt an diesem Präparate fast vollständig den Fornix. Forceps anter. und poster. sind freigelegt. Man sieht die Schnitte, durch welche das Operculum Rolandi und die Seitenwand des Trigonum ventriculi entfernt werden.

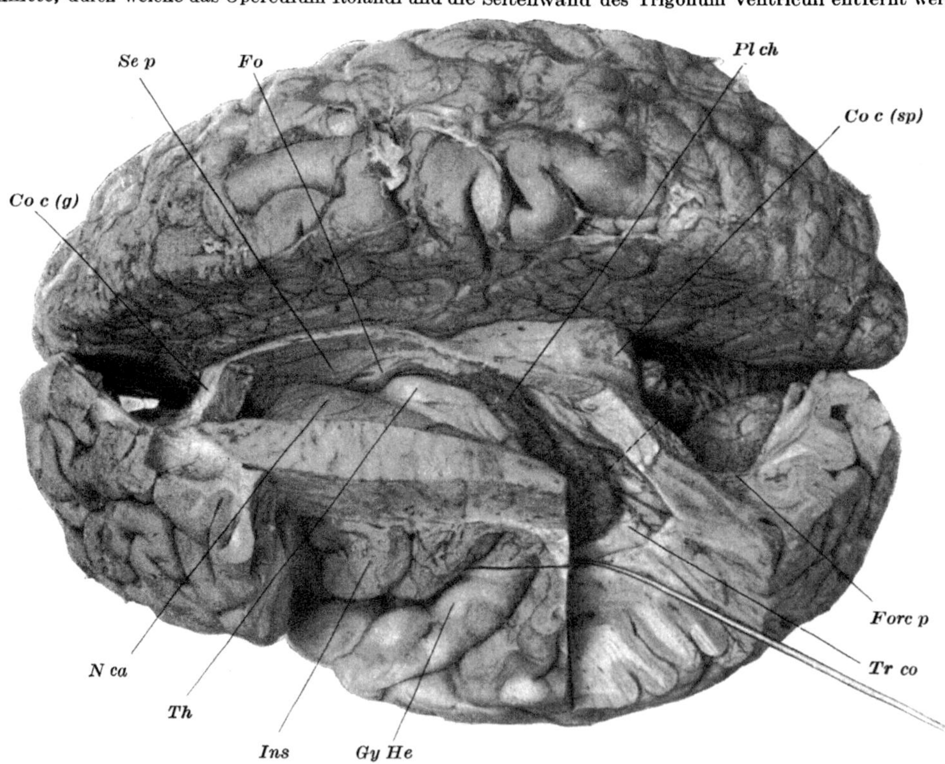

Abb. 31. Von dem offengelegten Trigonum ventriculi aus ist eine Sonde in das Unterhorn eingeführt; dieses wird durch einen Schnitt durch Heschls Windung und längs des Unterrandes der Insel geöffnet. Die gestrichelte Linie bezeichnet die Stelle, an der das Splenium durchschnitten wird.

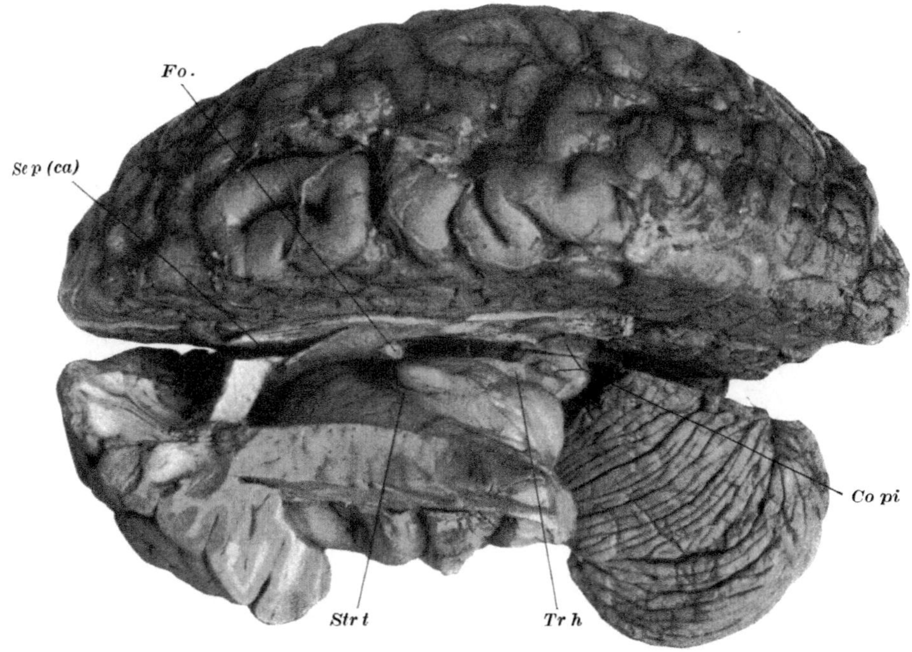

Abb. 32. Die Occipital- und Temporallappen sind jetzt vollständig abgetrennt; der Balkenkörper mit anhängendem Fornix bis zur Mittellinie wegpräpariert. Genu corp. call., Corp. pineale, Lamina quadrig. und Kleinhirn median durchschnitten; Cavum septi pellucidi geöffnet. Plexus chorioideus weggenommen.

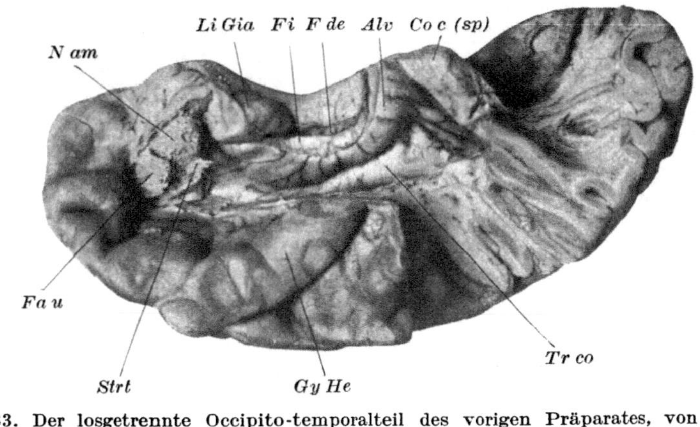

Abb. 33. Der losgetrennte Occipito-temporalteil des vorigen Präparates, von oben gesehen. Das Unterhorn liegt offen; an seinem vorderen Ende sind Nucl. amygdalae mit einstrahlenden Fasern der Stria terminalis sowie der Fasc. uncinatus herausgefasert.

Tafel XI.

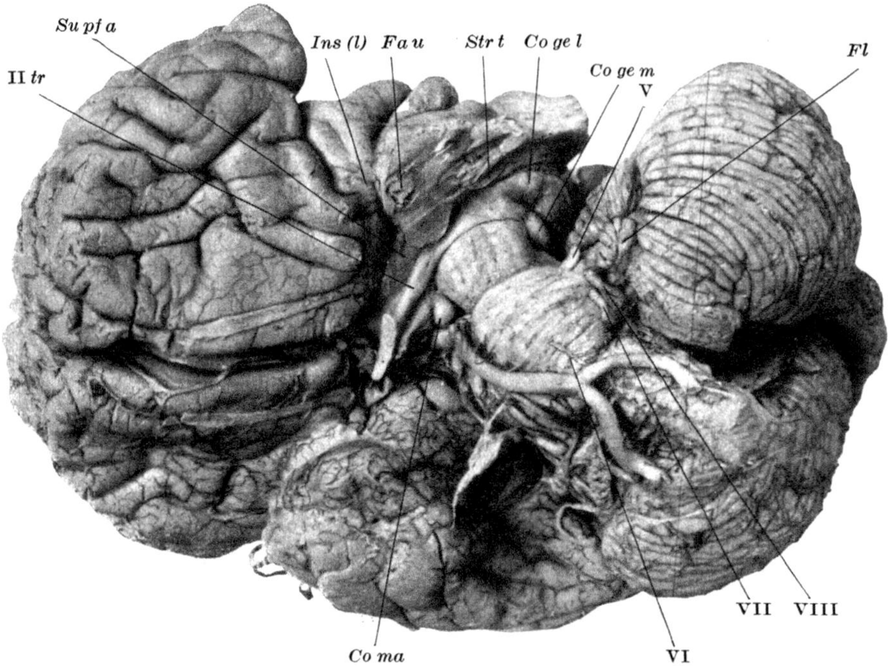

Abb. 34. Das in Abb. 32 abgebildete Präparat schräg von unten gesehen. Der vorderste Teil der oberen Wand des Unterhorns ist durch den Schnitt abgetrennt worden (vgl. Textabb. 4). Vorne an der Schnittfläche sieht man den durchschnittenen Fasc. uncinatus.

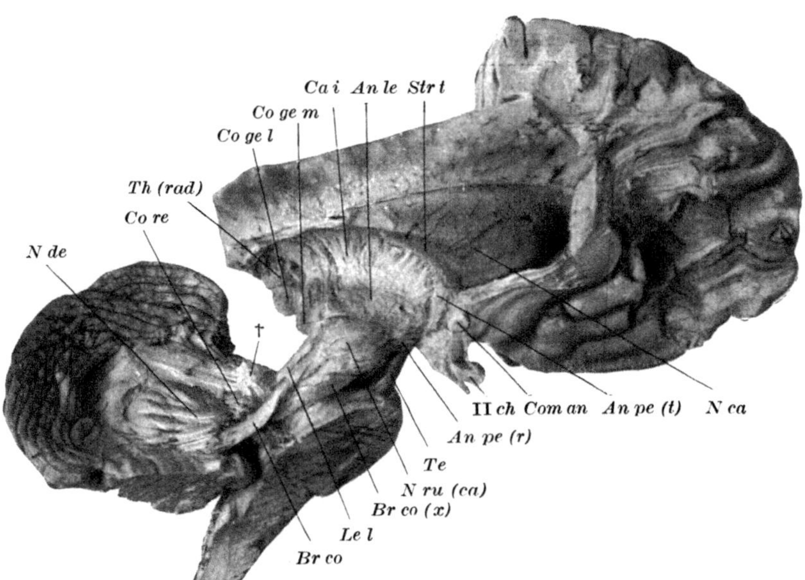

Abb. 35. Die präparierte Hirnhälfte ist von der anderen, intakten Hälfte genau in der Medianebene abgetrennt. Ansicht von innen oben. Die obere Hälfte des Kleinhirns ist weggerissen, die darin einstrahlenden Ponsbündel (†) sind abgeschnitten (vgl. S. 25). Lamina quadrigemina und der eigentliche Thalamus sind vom Tegmentum abgehoben und nach Durchschneidung des Lemniscus lateralis, beider Corpora geniculata und des vom Thalamus kommenden Teiles der Ansa peduncularis einfach von der Capsula interna losgebrochen. Brachium conjunctivum, seine Kreuzung und der von seiner Markkapsel umgebene Nucl. ruber sind aus dem umgebenden weicheren Gewebe hervorpräpariert. Bemerke die spiralige Drehung des Bindearms, die zwischen dem Nucl. ruber und die Capsula interna liegende, feinfaserige Markschicht, durch welche die Ansa lenticularis geht, und die Bündel der Ansa peduncularis, die von der Markkapsel des Nucl. ruber kommen.

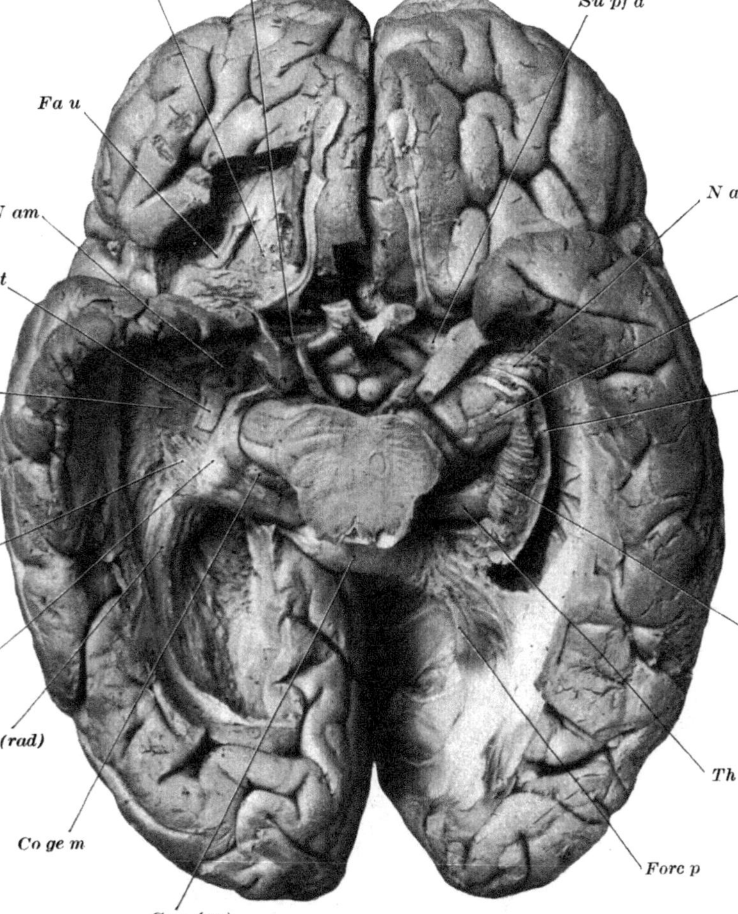

Abb. 36. Basalseite eines Großhirns, an welchem die um das Unterhorn liegenden Gebilde präpariert sind. An der linken Hemisphäre (rechts im Bilde) sind der Gyr. hippocampi (mit Ausnahme des Uncus) und Teile angrenzender Windungen abgetragen, wodurch das Unterhorn geöffnet und die in den Limbus Giacomini übergehende Fascia dentata und der Nucl. amygdalae bloßgelegt sind. Der Forceps post. dieser Seite ist auch präpariert. An der rechten Hemisphäre ist die ganze Hippocampusformation und die untere Wand des Hinter- und Unterhorns entfernt worden. An der lateralen oberen Wand derselben ist die oberflächliche Ependym- und Gliaschicht abgeschält; ebenso das Tapetum, der Schwanz des Nucl. caudatus und die Stria terminalis bis auf ihr unteres, zum Nucl. amygdalae gehendes Endstück. In der solcher Art bloßgelegten retro- und sublentikulären Ausstrahlung der Capsula interna bemerkt man hinten die starke sagittale, großenteils vom hinteren Thalamusstiel gebildete Gratioletsche Strahlung, vorne die ziemlich transversale, von dem Temporallappen zum lateralen Teil des Pes pedunculi verlaufende, von Stria terminalis und Tractus opticus gekreuzte temporale Brückenbahn (Türcks Bündel) und lateral vom Corpus geniculatum laterale die von diesem Kern ausgehende eigentliche Sehstrahlung. Von der letzteren ist an diesem Präparate nur der Anfangsteil erhalten, in welchem die Fasern schräg nach vorn ziehen, ehe sie „das temporale Knie“ bilden und rückwärts in sagittaler Richtung umbiegen. An dieser Seite des Präparates ist auch die Spitze des Temporallappens abgeschnitten und ein Teil der Gyri orbitales weggeräumt, um die frontale Ausstrahlung des Fasc. uncinatus und den vorderen Teil des Putamen zu zeigen. In der Subst. perf. ant. ist das diagonale Band Brocas freigelegt.

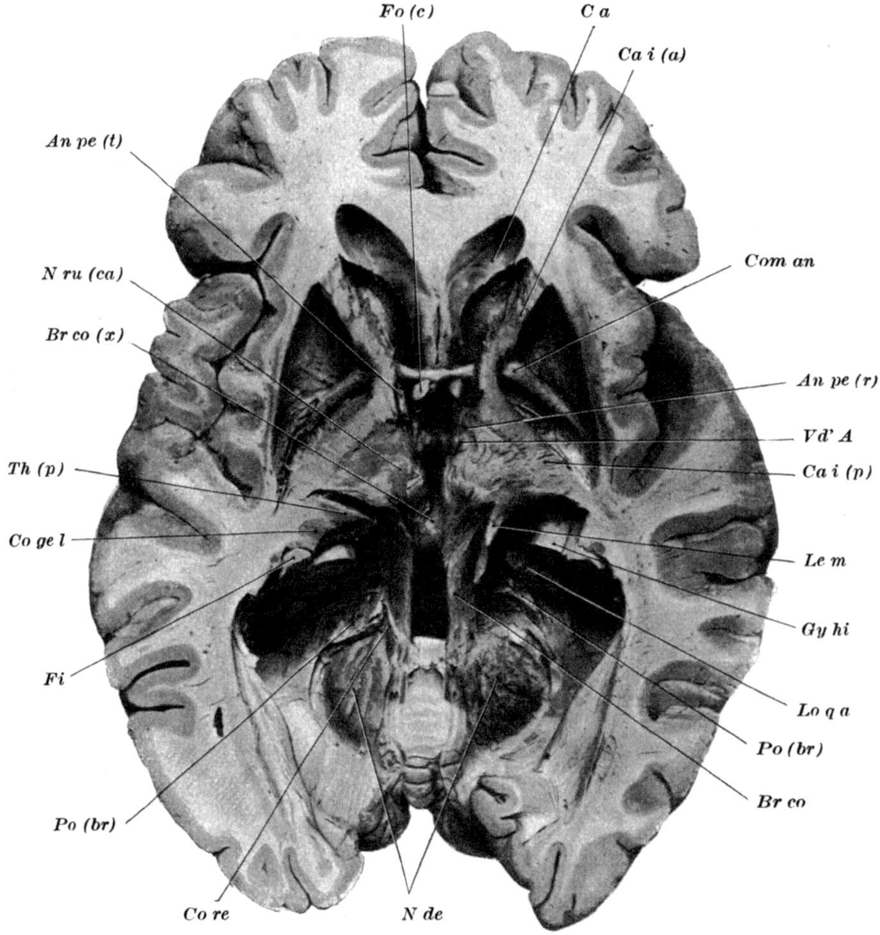

Abb. 37. Das Gehirn ist etwas oberhalb der Commissura anterior und durch die Commissura posterior horizontal durchschnitten. Die Hippocampusformation ist am hinteren Ende des Thalamus durchgetrennt und die mediale Partie des Lob. occipitalis weggeräumt worden; ebenso der entsprechende Teil des Kleinhirns bis zum Niveau der Nucl. dentati und die Lamina quadrigemina. Die Nuclei dentati und die aus ihnen austretenden Bindearme bis zu ihrer Kreuzung und ihrem Übergang in die Nucl. rubri sind freigelegt; man bemerke, daß Bindearmsfasern auch zum gleichseitigen Nucl. ruber gehen. Von angrenzenden Gebilden sind an der linken Seite Teile des Ponsarms und des Corpus restiforme, an der rechten ein Faserbündel, das hauptsächlich dem Lemniscus medialis angehört, zurückgelassen. Links sieht man Teile vom Pulvinar und Corp. gen. lat.; sonst sind die Reste der Thalamuskerne abgeschält und die Markschicht um den Nucleus ruber bloßgelegt. Besonders an der rechten Seite sieht man die fächerförmige Ausstrahlung der Fasern gegen die Capsula interna und vorne das in die Ansa peduncularis übergehende Bündel. Links ist der vom Thalamus kommende Teil der Ansa zurückgelassen. Nucl. lenticularis und Caput nucl. caud. sind aus ihren Betten ausgeräumt; Commissura anterior und Ansa peduncularis sind aber erhalten geblieben.

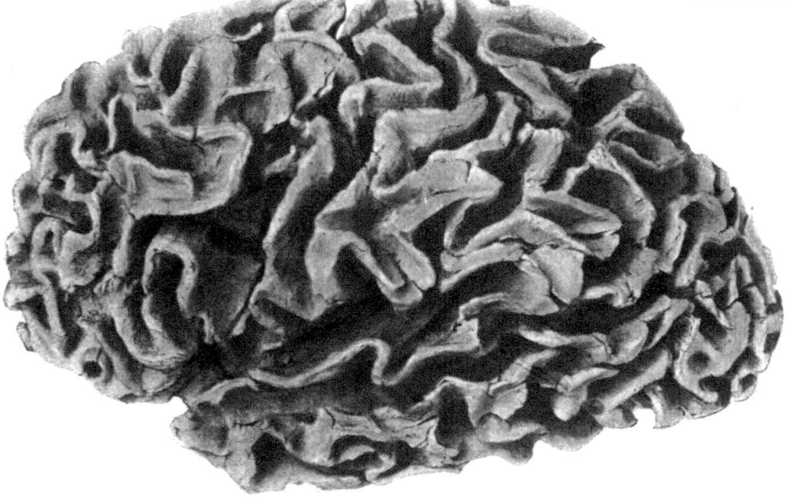

Abb. 38. Linke Großhirnhemisphäre, an welcher die Rinde vollständig entfernt ist, um den Markkörper mit den schmalen, hohen Leisten und den breiten Furchen zu zeigen. (²/₃ nat. Gr.)

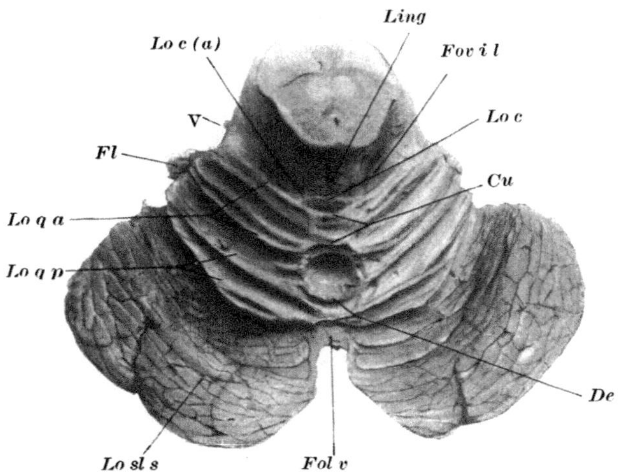

Abb. 39. Markkörper des Kleinhirns von oben gesehen (²/₃ nat. Gr.). Mit Ausnahme von Lingula, Folium und Lob. semilunaris superior sind alle Lobuli der oberen Seite bis auf die Wurzeln ihrer Markleisten abgetragen. Bemerke die nicht ganz symmetrische Anordnung der Markleisten.

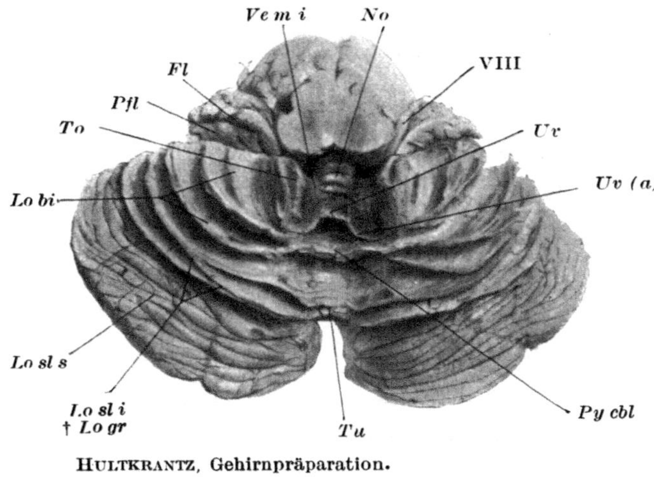

Abb. 40. Dasselbe Präparat von unten gesehen (²/₃ nat. Gr.). Alle Lobuli dieser Seite, Nodulus und Flocculus ausgenommen, sind abgetragen. Auch hier keine vollständige Symmetrie der Markleisten. In der Decke des leeren Nidus avis sieht man das Velum medullare inferius.

Tafel XV.

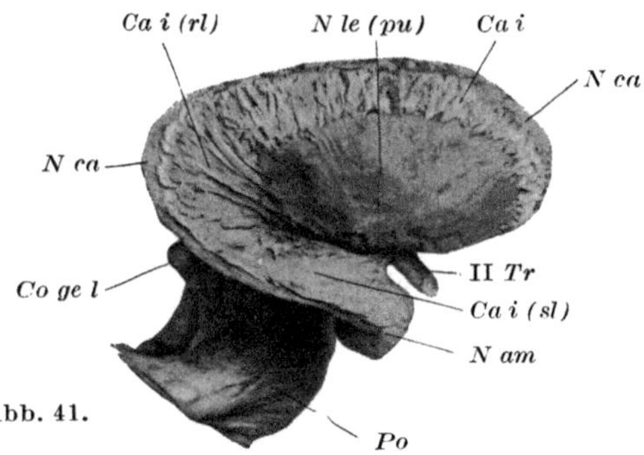

Abb. 41.

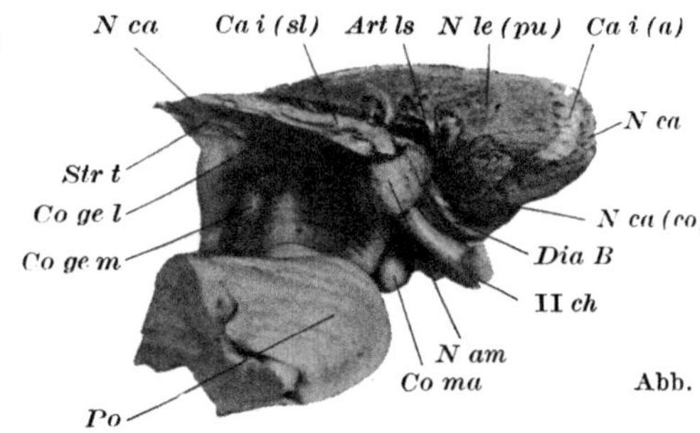

Abb. 42.

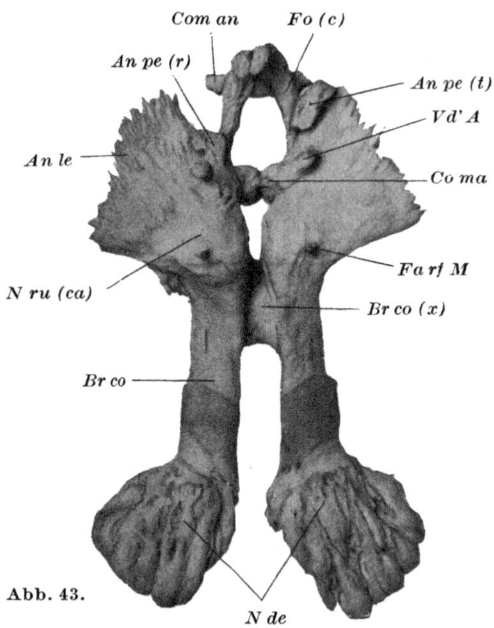

Abb. 43.

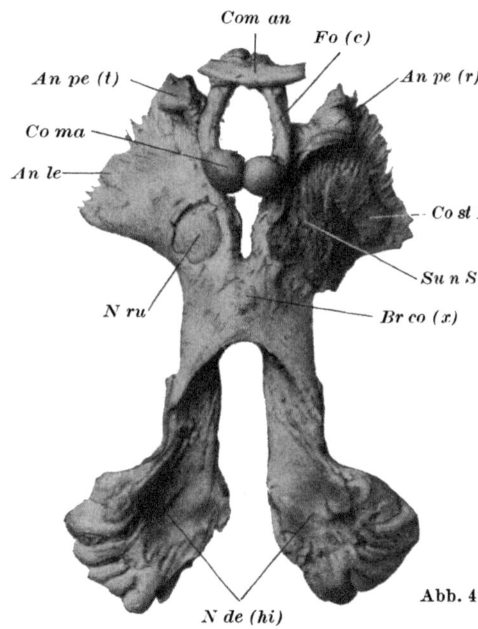

Abb. 44.

Abb. 41. Die rechte Hälfte des Hirnstammes von der lateralen Seite her ($^2/_3$ nat. Gr.). Insula und Capsula externa sind abgetragen, Nucl. amygdalae aus dem Temporallappen herausgefasert. Man sieht den peripheren Rand des Nucleus caudatus, der durch die Capsula interna von dem Nucl. lenticularis getrennt ist. Bemerke die größere Breite und die fast sagittale Faserrichtung der Kapsel in ihrem retrolentikulären Teil. Im sublentikulären Teile ist die Faserrichtung weniger deutlich wegen Kreuzung mit anderen Fasersystemen (z. B. Commissura anterior).

Abb. 42. Dasselbe Präparat schräg von unten gesehen ($^2/_3$ nat. Gr.). Bemerke, wie Nucl. caudatus und lenticularis (Putamen) unterhalb des vorderen Endes der Caps. int. miteinander zusammenhängen (Colliculus nucl. caud.). Aus der unterliegenden Subst. perfor. anterior ist das diagonale Band Brocas herausgefasert.

Abb. 43. Das rubrale System in toto herauspräpariert (nat. Gr.). Ansicht von oben (vgl. Tafel XIII). An dem Präparate sind auch die Corpora mamillaria mit ihren Crura und ein Teil der Comm. ant. erhalten. An den aus den Nucl. dentati austretenden Bindearmen zeichnet sich die zwischen Corp. restif. und Collic. inf., oberflächlich liegende Partie durch dunklere Farbe aus. Am oberen Ende ihrer (etwas tiefer liegenden) Kreuzung gehen sie in die Markkapseln der Nucl. rubri über, welche von den Fasc. retroflexi (Meynert) durchbohrt werden. Weiter vorne die Vicq d'Azyrschen Bündel. Von den Markkapseln strahlen Fasern seitlich und schräg nach vorne aus (Ansa lentic.); an der linken Seite sieht man vorne medial neben dem Crus fornicis ein Bündel nach unten umbiegen (Ansa pedunc.); rechts ist dasselbe von dem zurückgelassenen Thalamusanteil der Ansa verdeckt.

Abb. 44. Dasselbe Präparat von der unteren Seite (nat. Gr.). Die Anfangsteile der Bindearme (am Hilus n. dent.) sind vom Ependym des IV. Ventrikels bekleidet. An der Kreuzung scheinen sich hauptsächlich die lateralen, unteren Bindearmsfasern zu beteiligen. An der linken Seite (rechts im Bilde) sind die Subst. nigra Sömmeringi und das Corp. subthal. (Luys) noch erhalten; vorne sieht man das nach unten und lateralwärts umbiegende Ansa ped.-Bündel. An der anderen Seite sind die letztgenannten Kerne entfernt und ein Teil der Markkapsel wegpräpariert, um den Nucl. ruber zu zeigen. Vorne der vom Thalamus kommende Teil der Ansa peduncularis.

GPSR Compliance

The European Union's (EU) General Product Safety Regulation (GPSR) is a set of rules that requires consumer products to be safe and our obligations to ensure this.

If you have any concerns about our products, you can contact us on ProductSafety@springernature.com

In case Publisher is established outside the EU, the EU authorized representative is:

Springer Nature Customer Service Center GmbH
Europaplatz 3
69115 Heidelberg, Germany

Batch number: 10683525

Printed by Printforce, the Netherlands